Le Geometrie della Visione

Scienza, Arte, Didattica

Nell'angolo c'è qualcosa
di sconsideratamente giovanile,
nella curva un'energia matura,
giustamente cosciente di se stessa.
V. Kandinskij

Laura Catastini · Franco Ghione

Le Geometrie della Visione

Scienza, Arte, Didattica

LAURA CATASTINI
I.S.A. "F. Russoli", Pisa
Università di Roma "Tor Vergata"

FRANCO GHIONE
Dipartimento di Matematica
Università di Roma "Tor Vergata"

Le sperimentazioni didattiche su questo tema possono avere una loro visibilità nel sito *www.mat.uniroma2.it/mep* che è stato concepito con funzione di collegamento e discussione tra le diverse esperienze.

© Springer-Verlag Italia, Milano 2004
Ristampa con modifiche, Milano 2006

>springer.com

ISBN-10 88-470-0208-7
ISBN-13 978-88-470-0208-1

Progetto grafico della copertina: Valentina Greco
Fotocomposizione e impaginazione: Valentina Greco
Stampato in Italia: Arti Grafiche Nidasio, Milano

Indice

Introduzione

Il CD

Questo testo è allegato a un CD che raccoglie le fonti della geometria proiettiva per la prima volta riunite e commentate con schede didattiche, animazioni interattive e approfondimenti scientifici che oscillano tra la geometria e la storia dell'arte, nell'intreccio tra libertà e rigore rintracciabile sia nel pensiero scientifico che nella creazione artistica.

Gran parte del materiale prodotto contribuisce ad esplicitare una nuova proposta didattica per l'insegnamento della matematica, soprattutto nelle scuole d'arte, contribuendo all'individuazione di contenuti scientificamente profondi e nello stesso tempo contestualizzabili all'interno di un'unica cultura. Il CD fornisce tra l'altro allo studioso e all'insegnante materiale utile per approfondire questi temi dal punto di vista storico, scientifico, didattico.

Il CD si apre con l'immagine di un teatro. Cliccando su **indice generale** si accede a una sorta di indice degli indici, dal quale è possibile avere una idea complessiva del materiale presente nel CD nei vari formati proposti: testi, schede, animazioni, immagini di pitture. I collegamenti tra le varie parti sono facilitati dalle icone sulla parte alta di ogni pagina che riportano agli indici, e dalle frecce che permettono di "sfogliare" le varie pagine. Naturalmente la scrittura ipertestuale contiene parole e immagini (generalmente in margine) "calde" che, se cliccate, portano alle cose richiamate.

I testi classici:
1. L'*Ottica* di Euclide, tradotta in italiano e accompagnata dalle due versioni in lingua greca che ci sono pervenute, è corredata da numerose schede didattiche e da immagini animate che ne illustrano i teoremi.
2. La *sferica* di Menelao per la prima volta tradotta in italiano sulla base di una versione dall'arabo in latino di Halley del 1758 e riportata nel CD anche nella sua originale versione latina.
3. Il *De pictura* di Leon Battista Alberti nella versione italiana scritta intorno al 1435. Il testo è corredato da numerose schede di carattere storico, didattico e di critica artistica.
4. Il *De prospectiva pingendi* di Piero della Francesca tratto dal manoscritto, probabilmente autografo, conservato nella biblioteca Palatina di Parma, n. 1576, scritto intorno al 1482 del quale abbiamo riprodotto i disegni (che possono essere ingranditi) riportati sul margine della pagina.

Le schede generali:

1. *Gli albori della geometria proiettiva* dove è tracciato il percorso che porta dall'*Ottica* di Euclide alla geometria proiettiva con varie animazioni in tre dimensioni di *prospettive in prospettiva*.

2. *Immagini della geometria proiettiva* dove si costruisce lo spazio proiettivo e vengono presentati i primi teoremi di quella geometria con l'aiuto di costruzioni interattive e immagini animate opportunamente realizzate.

3. *Coni circolari e loro sezioni* dove si ripropone, in un contesto tridimensionale, la teoria delle coniche pensate come rappresentazioni visive di un cerchio. Anche in questo caso le numerose animazioni che illustrano il testo, educano il pensiero a costruire immagini tridimensionali corrette e forniscono un importante supporto didattico che ne facilita la comprensione.

All'interno del CD sono sparse numerose immagini di pitture soprattutto del '300 e del '400 molte delle quali vengono analizzate sul piano della rappresentazione prospettica e che sono raggiungibili dall'**indice delle pitture** cliccando sull'icona del quadro scelto.

L'aspetto grafico del CD è quello di un normale sito web: le finestre possono essere tenute aperte contemporaneamente e dimensionate a piacere secondo le esigenze di lavoro dello studioso. La maggior parte delle animazioni sono realizzate con tecniche semplicissime e alla portata di tutti con il software *Cinderella* e sono presentate in una forma "grezza" e volutamente "non professionale" per stimolarne l'uso nella didattica a tutti i livelli, reso possibile proprio per la loro facilità di realizzazione.

In appendice viene descritto dettagliatamente il modo utilizzato per realizzare, con *Cinderella*, le prospettive in prospettiva.

Tutto il materiale presente nel CD può, fatti salvi i diritti di copyright, essere copiato, stampato ed utilizzato in classe realizzando schede di approfondimento o schede di esercizi molti dei quali si trovano, risolti, alla fine delle singole schede.

Il testo

La gran mole del materiale presente nel CD ci ha indotto ad accompagnarlo con un testo nel quale esplicitiamo un percorso scientifico e didattico nella forma familiare del libro stampato.

Questo testo si propone come guida per gli insegnanti che intendono introdurre nel proprio piano di lavoro argomenti che riguardano la geometria della visione, qui affrontati da un punto di vista scientifico, ma anche storico e artistico. Il testo non è completamente autosufficiente, in quanto fa spesso riferimento a schede presenti nel CD allegato, ma offre informazioni e riflessioni utili per il docente che voglia organizzare didatticamente un percorso tra i numerosi temi presenti nel CD stesso.

La geometria della visione tratta molteplici questioni: dalle leggi della visione diretta ai vari modi di rappresentare ciò che si vede su un qualche supporto materiale. I fondamenti di questa geometria si trovano nell'*Ottica* di Euclide. Nell'opera, in 7 premesse e 58 teoremi, con il metodo assiomatico deduttivo, figlio dell'ellenismo e proprio di ogni pensiero scientifico, Euclide sviluppa i primi teoremi che regolano i modi in cui la visione modifica dimensioni, rapporti e angoli degli oggetti reali.

Lo studio dei teoremi dell'*Ottica* è qui proposto come propedeutico a quello dei teoremi della prospettiva rinascimentale, parimenti trattati, ed entrambi fanno naturalmente parte dell'ambito pratico e teorico che ha portato Desargues alla prima formulazione di una geometria sintetica nella quale le coniche sono unificate in una unica teoria e dalla quale nascerà la moderna geometria proiettiva, considerata dalla matematica contemporanea l'ambito più opportuno nel quale sviluppare le più moderne vedute geometriche. Un percorso di studio che affronti problematiche geometriche che ruotano attorno alla prospettiva e che si legano ad altre discipline, quali la Progettazione e la Geometria descrittiva, per arrivare alla fine a sviluppare temi di tipo proiettivo, ci sembra particolarmente opportuno per l'area di Istruzione Artistica, e le schede didattiche sono pensate per studenti di questo tipo, ma il materiale presente nell'*Ottica* e in generale nel CD offre molti spunti di interesse per altri corsi di studio a vari livelli. Gli studi classici ad esempio, possono trovare giovamento da una matematica fortemente legata alle sue origini ellenistiche e proiettata in un contesto, quello rinascimentale, dove la distinzione tra scienza ed arte non si era ancora imposta. Gli stessi testi, presenti nel CD in greco, latino e italiano antico, permettono interessanti collegamenti tra le materie scientifiche e quelle umanistiche sul terreno neutro della filologia.

I teoremi dell'*Ottica* forniscono il contenuto teorico, il modello matematico a molte tecnologie che da essi prendono l'avvio: dalle tecniche del disegno prospettico, riprese e sviluppate sistematicamente dai grandi pittori rinascimentali, ai metodi di rilevamento topografico con le relative strumentazioni (dalla *diottra* di Ipparco al *teodolite*) che consentono una mappatura rigorosa del territorio. E ancora, consentono le descrizioni scientifiche del cielo e del movimento degli astri, che con i metodi proiettivi è possibile rappresentare su di un Astrolabio.

Questo progetto è mosso da un duplice obiettivo formativo: l'educazione rigorosa delle capacità logico-deduttive dell'allievo per una sua libera e critica crescita intellettuale, e l'educazione scientifica del pensiero visivo e dell'intuizione spaziale in quanto importanti componenti della sua espressione professionale e creativa. Riguardo al primo obiettivo, lo studio degli *Elementi* è sempre stato lo strumento principe per raggiungerlo, ma l'introduzione nei programmi scolastici della geometria delle trasformazioni ne ha indebolito la presenza e con lei quella del metodo dimostrativo. La geometria delle trasformazioni infatti, intuitiva e facilmente applicabile nei suoi aspetti grafici, per lo meno per quel che riguarda le isometrie e le affinità, risulta difficile sul piano assiomatico-dimostrativo, con la conseguenza pratica che le dimostrazioni vengono drasticamente ridotte di numero e l'argomento, appena possibile, viene spostato sul campo analitico. Il mancato allenamento al controllo di lunghe catene di sillogismi tramite le leggi della logica formale porta gli studenti di un triennio superiore "non dotati" o "senza talento" per le scienze matematiche a saper usare correttamente meccanismi di calcolo e procedure standard di soluzione di problemi analitici, ma a trovare grande difficoltà in campo geometrico, o nel costruire mappe concettuali o nella comprensione di frasi (orali o scritte) che abbiano una lunghezza superiore a quella di una principale e di una subordinata, creando "disabilità" cognitive che si possono estendere in modo generalizzato. La scelta dell'*Ottica* e degli spunti rinascimentali che hanno portato alla prospettiva può sanare in parte queste situazioni perché quest'opera minore di Euclide è strutturata nello stesso modo degli *Elementi*, con un impianto rigorosamente assiomatico-deduttivo, ma con un insieme di teoremi generalmente più semplici e ben affrontabili con un modesto bagaglio di prerequisiti degli *Elementi*. In questo modo anche studenti che manifestino difficoltà nell'uso del pensiero matematico, potranno affrontare questo particolare tipo di esperienza matematica. Lo studio di questi teoremi, dato il loro numero abbastanza contenuto, si può sviluppare nell'arco del triennio, parallelamente agli argomenti previsti dalla programmazione scolastica, sostenuto anche da proposte multidisciplinari, nel campo filosofico e di indirizzo professionale.

Quanto al secondo obiettivo proposto, pensiamo che possa essere agevolato da questi temi grazie al particolare ambiente in cui si sviluppa la materia studiata: l'esperienza visiva infatti è continuamente chiamata in causa e lo spazio a tre dimensioni forma il substrato naturale in cui vivono le figure piane. A differenza della geometria piana che sviluppa una immaginazione "piatta", a due dimensioni, nel nostro caso la profondità è necessariamente sempre presente. Inoltre si richiede costantemente alla studente lo sforzo di disegnare le grandezze geometriche "come sono" ma di dimostrare affermazioni che riguardano il "come si vedono". Questi due piani di rappresentazione che interagiscono continuamente, abituano l'allievo a confrontare l'esperienza visiva, che porta in sé l'essenza del concetto di trasformazione quale quella che verrà ritrovata nella prospettiva, con quella di tipo tattile-motorio, che porta alla modellizzazione della realtà data dalla geometria classica, nella quale si conservano le proprietà metriche. La riflessione e il confronto, guidati dall'insegnante, tra l'esperienza metrica e quella visiva possono arricchire sia il campo dell'immaginazione che quello del ragionamento e permettono la comprensione dei concetti fondamentali e delle principali problematiche che, passando attraverso l'*Ottica*, legano e separano la geometria euclidea e la geometria proiettiva, problematiche altrimenti affrontabili solo in corsi di più complessa impostazione scientifica.

Ritroviamo dunque in questa geometria un duplice aspetto che la rende particolarmente adatta a sviluppare un pensiero colto, il suo essere cioè intuitiva e logica a un tempo, vicina a immagini mentali naturali derivanti dall'immersione nella vita di ogni giorno, ma vincolata a seguire il rigore analitico della matematica. Questa caratteristica è molto importante perché consente di integrare continuamente le due *modalità* principali di pensiero, quella analitico verbale e quella associativa e immaginativa. Questa integrazione viene aiutata e rafforzata dall'uso di immagini in movimento, di realtà virtuali interattive realizzate col calcolatore e disponibili sul CD, di grande utilità per dare maggiore significato ai teoremi, che, in questo modo, possono essere visti all'interno di un contesto dinamico nel quale si conserva la struttura logico-geometrica.

Un ulteriore elemento che ci sembra particolarmente interessante è la possibilità di sviluppare attorno all'asse centrale dell'*Ottica* aspetti non secondari di altre discipline. La storia dell'arte, che ripropone, dal punto di vista dell'artista, la costruzione di uno *"spazio emotivo"* in cui collocare l'oggetto in una sua visione prospettica. La storia e la filosofia che permettono di approfondire lo studio dell'ellenismo e del Rinascimento in rapporto al metodo scientifico: teoria e pratica, scienza e tecnologia. La fisica, che permette di sviluppare la catottrica e la diottrica, naturali prosecuzione dell'ottica. La filologia, che offre per esempio la possibilità di leggere direttamente in greco il testo euclideo confrontando le due versioni (quella *"genuina"* di Heiberg e quella di Teone) che sono pervenute a noi.

Riteniamo che l'approccio storico nel presentare questi argomenti sia anch'esso di aiuto, rispetto a quello condotto solo su un astratto piano concettuale. Il legame infine delle questioni matematiche proposte con la storia dell'arte e la geometria descrittiva attraverso le figure di Leon Battista Alberti e di Piero della Francesca aggiunge spessore e significato ai teoremi studiati, restituendo alla matematica un suo ruolo intellettuale intimamente legato anche alle altre attività creative dell'uomo.

Questo lavoro pensiamo possa dare maggiore consistenza al materiale prodotto facendo convivere, sul terreno "neutro" della matematica, due vocazioni ugualmente ricche: una riflessione approfondita sulle radici del nostro pensiero e il gusto per l'Arte nelle sue diverse forme.

Il testo è articolato in sette capitoli. I primi tre, che possono essere sviluppati in una classe terza, costituiscono un blocco a sé comprendente i primi teoremi dell'*Ottica* sulla visione di oggetti uguali e sulla visione della profondità. Questi teoremi sono presentati a partire dal testo originale che, attraverso un lavoro in classe con gli allievi, viene smontato, discusso criticato per essere poi riformulato in modo semplice, ma al tempo stesso rigoroso. In questo processo ha molta importanza l'individuazione di definizioni precise che contribuiscono a formare un linguaggio scientifico e permettono di articolare il ragionamento dimostrativo. In questa prima parte del manuale le dimostrazioni sono esposte in modo molto dettagliato, per punti, specificando l'ipotesi e la tesi, in modo che l'insegnante ne possa facilmente ricavare delle schede per i propri allievi. Varie tipologie di esercizi sono proposti sia nel testo che nel CD dove i teoremi sono tutti illustrati con animazioni interattive di particolare efficacia didattica.

I capitoli 4 e 5, adatti per una classe quarta, sviluppano le regole della prospettiva rinascimentale e la matematica che ne è di supporto. Si tratta soprattutto della teoria delle proporzioni che è stata in tutto il Rinascimento lo strumento matematico fondamentale, corrispondente a una visione del mondo dove la bellezza e la perfezione stava nell'equilibrio dei rapporti. In questo manuale riprenderemo alcuni aspetti di questa teoria, che nella loro parte elementare si presuppone siano stati svolti nelle classi inferiori, per introdurre il concetto di forma, di trasformazione cercando di classificare, sulla base della pratica prospettica, le trasformazioni che conservano la forma e in particolare le omotetie.

Gli ultimi due capitoli, pensati per un ultimo anno, descrivono rigorosamente la procedura prospettica di Piero della Francesca evidenziandone la struttura matematica che conduce naturalmente al concetto di omologia. A partire dalle proiezioni centrali viene costruito lo spazio proiettivo con i suoi punti all'infinito e vengono dati alcuni risultati importanti le cui dimostrazioni sono per lo più accennate nelle loro linee concettuali senza entrare nel merito di una loro effettiva formalizzazione matematica. La geometria proiettiva viene presentata in stretto rapporto con il disegno prospettico e i suoi teoremi vengono utilizzati per analizzare la struttura dello spazio e la forma degli oggetti rappresentati in diverse celebri pitture. L'intera trattazione è fortemente sintetica basata su costruzioni grafiche che non necessitano di apparati algebrici, la stessa teoria delle proporzioni, essenzialmente estranea alla geometria proiettiva, non viene in quest'ultima parte utilizzata, come non viene utilizzato il concetto di birapporto che non viene neppure introdotto. Si torna in un certo senso alla trattazione iniziale, quella dell'*Ottica* euclidea, dove tutto avviene "in forza di linee" senza numeri o coordinate. Faremo vedere come sia possibile comporre l'intera trasformazione prospettica a partire da pochi elementi senza bisogno di misure ma solo con la riga (eventualmente infinitamente lunga).

Infine in appendice abbiamo indicato come realizzare con il software *Cinderella* l'immagine prospettica di una figura solida libera di ruotare nello spazio.

1 Euclide: dagli *Elementi* all'*Ottica*

1.1 Finalità di una teoria della visione

Gli oggetti non vengono visti "come sono", ma appaiono di forme e dimensioni diverse a secondo della posizione di chi guarda. Nella profondità di una scena, l'allontanarsi di un oggetto dall'osservatore ne diminuisce la grandezza apparente. I nostri occhi appiattiscono il mondo in immagini retiniche bidimensionali e la tridimensionalità deve essere ricostruita dal cervello a partire da tali immagini, che sono oltremodo generiche. Una banconota che teniamo in mano può infatti proiettare sulla retina lo stesso rettangolo di un edificio distante chilometri e se la inclinassimo potrebbe coincidere con una forma trapezoidale vista frontalmente.

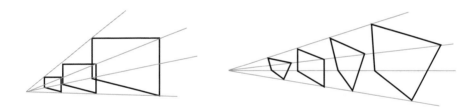

I raggi che descrivono il percorso dei fotoni che, rimbalzando sugli oggetti, colpiscono i nostri occhi, disegnano linee infinite e tutto ciò che il nostro cervello sa è che gli oggetti (nella figura precedente i quadrilateri) sono collocati da qualche parte lungo di essi. L'informazione che riguarda la profondità si perde nel processo di proiezione.

Nel meccanismo della percezione la terza dimensione viene ricostruita attraverso vari indizi e il dualismo tra essere e apparire passa in secondo piano, nascosto dalla molteplicità dei sensi con cui entriamo in contatto col mondo, ma questo dualismo si impone prepotente appena cerchiamo le leggi secondo le quali ci appare una data scena. Come sviluppare una geometria della visione? Come dare le regole precise secondo le quali ad esempio cambia la grandezza apparente di un oggetto mano a mano che si allontana dall'osservatore? O come poter determinare il modo in cui appaiono più oggetti reciprocamente connessi?

Una tale geometria è stata sviluppata per la prima volta da Euclide nell'*Ottica* (o per lo meno questa è l'opera più antica a noi pervenuta) nella quale si pongono alcuni postulati iniziali e si enunciano e dimostrano teoremi che riguardano la visione[1]. Le finalità del trattato si esplicano nello studio dei seguenti temi: la visione di oggetti uguali, i punti di fuga, il misurare col solo vedere, la visione di oggetti rotondi, i luoghi da cui, sotto certe condizioni, gli oggetti vengono visti uguali, la visione del movimento, la visione del moto relativo.

Non sono mai presi in esame, in tutta l'opera, le questioni riguardanti il problema della rappresentazione della realtà su una superficie bidimensionale, questioni che saranno il cuore degli studi rinascimentali.

1.2 Il metodo assiomatico deduttivo di Euclide

L'ottica di Euclide si fonda su 7 premesse (ορoι) iniziali. Le prime due definiscono gli oggetti specifici della geometria della visione, mentre le altre cinque ne stabiliscono le regole operative. Le sette ορoι esauriscono i principi primi dell'opera ma poiché tutte le grandezze prese in esame dall'*Ottica* vengono rappresentate schematicamente come segmenti o figure geometriche elementari, le dimostrazioni che in essa compaiono interessano configurazioni classiche che presuppongono gli *Elementi*, l'opera di geometria elementare più nota di Euclide, con tutti i suoi principi fondanti.

L'assiomatica moderna ha contribuito a creare una concezione della matematica nella quale gli oggetti sono enti costruiti attraverso indicazioni formali, senza alcuna considerazione della loro aderenza a una determinata realtà empirica. Nella moderna trattazione matematica quindi, e in particolare in quella geometrica, siamo abituati a partire da alcuni enti primitivi, di cui non viene data direttamente alcuna definizione, per evitare circoli logici viziosi, ma che vengono definiti implicitamente dai postulati che li collegano e che impongono condizioni a cui soddisfare.

---

[1] Quest'opera è giunta fino a noi in lingua greca in due versioni: la prima, curata e commentata da Teone alessandrino (III sec. d.C.), non sappiamo quanto fedele al testo originale; la seconda, che alcuni storici e filologi hanno ritenuto "genuina", ritrovata in tempi relativamente recenti. La scheda "Storia del testo", allegata all'*Ottica*, racconta in modo più dettagliato questa storia. Da parte nostra ci siamo riferiti alla traduzione di Francesca Incardona, la sola in italiano della versione "genuina", pubblicata recentemente da Di Renzo editore: *Euclide, Ottica, Immagini di una teoria della visione* a cura di F. Incardona, Roma, 1996. I testi originali in greco delle due versioni sono comunque riportati integralmente in forma digitale e possono essere facilmente consultati e confrontati tra loro.

Per porre l'accento su questo aspetto assiomatico di solito nella trattazione scolastica della geometria euclidea viene esaltata la presenza dei postulati, e tra essi il postulato per eccellenza, il quinto, senza far menzione del fatto che negli *Elementi* i principi su cui si basa tutta l'opera sono tre, le definizioni (ὅρος), le nozioni comuni (κοιναί ἔννοιαι) e i postulati (αἰτήματα) e che sono formulati con una concezione diversa da quella attuale. Noi riteniamo invece opportuno iniziare il lavoro sulla geometria riprendendo l'impostazione euclidea e discutendo in classe questi aspetti, che possono essere inseriti in una trattazione filosofica del problema della conoscenza in generale, e in particolare nella civiltà greca del III secolo a. C.

Le nozioni comuni[2] sono proposizioni primitive che hanno il loro fondamento nella pratica sensibile e che quindi riguardano non solo la geometria, ma anche le altre scienze. Sono assimilabili formalmente ai moderni assiomi. Esse offrono lo spunto per affrontare a livello elementare questioni di logica legate al principio di non contraddizione, principio si cui si basa, tra l'altro, la validità della dimostrazione per assurdo. Le basi sillogistiche legate alla logica aristotelica sono elementi fondamentali nella pratica dimostrativa e suggeriamo per questo un lavoro insieme all'insegnante di filosofia, che userà in parte, su questo argomento, le stesse schede dell'insegnante di matematica.

I postulati sono proposizioni primitive che si riferiscono agli enti geometrici definiti. Euclide, a differenza di quanto si fa oggi, definisce tutti gli enti matematici dei quali si occuperà nella sua opera, e definisce quindi anche tutti gli enti geometrici primitivi, tra cui il punto e la linea. Ciò gli è stato possibile perché il suo modo di concepire la definizione era essenzialmente diverso da quello odierno: oggi definire vuol dire creare a piacere, mediante le parole, un qualunque oggetto concettuale, mentre allora definire coincideva in sostanza con il descrivere una realtà, perché si presupponeva che gli enti da definire fossero una qualche idealizzazione di un corrispondente sensibile e quindi riconoscibili attraverso una descrizione[3]. In tutta la filosofia ellenistica, come è noto, era ben distinto il piano della realtà da quello della logica e della conoscenza, ma la costruzione del sapere scientifico, pur essendo autoconsistente,

---

[2] Le nozioni comuni sono:

I. Cose che sono uguali ad una stessa sono uguali anche tra di loro.

II. E se cose uguali sono addizionate a cose uguali, le totalità sono uguali.

III. E se da cose uguali sono sottratte cose uguali, le totalità sono uguali.

VII. E cose che coincidono fra loro sono fra loro uguali.

VIII. Ed il tutto è maggiore della parte.

[3] La corrispondenza con la realtà comunque non ha mai contaminato gli *Elementi* con questioni riguardanti la pratica, quali per esempio riferimenti a strumenti di costruzione o a metodi empirici, e tutta l'opera si è mantenuta in un ambito puramente e strettamente teorico.

avveniva fondamentalmente in accordo con la realtà sensibile. Si trova testimonianza di questo fatto proprio nel modo in cui sono dati i principi fondanti degli *Elementi*.

Una traccia curiosa del modo empirico di guardare agli enti geometrici si ritrova a volte nel nome che è stato dato loro. Nella definizione XX ad esempio il nome di un triangolo che abbia due lati uguali è "con gambe uguali" (isoscele) mentre Proclo, nel suo *Commento*, chiama un triangolo che non abbia lati uguali[4] (scaleno) con una parola connessa allo "zoppicare". E ancora, nella definizione X, l'aggettivo che qualifica una retta che forma con un'altra angoli adiacenti uguali (perpendicolare) significa letteralmente "lasciata, o fatta cadere" e descrive in sostanza il filo a piombo lasciato cadere sul terreno.

Il modo storicamente più antico di concepire la definizione come descrizione è anche quello più naturale per il pensiero non educato scientificamente. Il passaggio da questa concezione a quella più avanzata che porta in sé l'idea di sistema formale moderno è delicato e spesso negli alunni si compie in maniera incompleta o non si compie affatto. Potrebbe essere utile a questo scopo, rimanendo nell'ambito descrittivo, proporre il confronto tra le definizioni e le proprietà di enti che, con lo stesso nome, vivono in ambienti diversi, quali quelli della superficie piana e della superficie sferica. Si potrebbe così evidenziare il ruolo delicato del linguaggio nello studio della matematica, che usa termini privi delle ricche indicazioni derivanti dall'immersione soggettiva nella vita reale e che deve invece costruire i propri ambiti di significato in modo non ambiguo e oggettivo. La geometria piana di Euclide e quella sferica di Menelao possono essere un primo esempio di come stessi nomi designino, attraverso definizioni opportune, enti diversi da costruire sulle indicazioni delle parole usate. Triangoli, lati, angoli, che vivono su una superficie curva hanno aspetto e proprietà non assimilabili a quelli sul piano. I primi tredici teoremi del libro I della sfera di **Menelao**, presente nel CD, sono illustrati da figure chiare e stimolanti. Un esercizio del genere serve anche a sviluppare l'intuizione spaziale.

1.3 Le premesse dell'*Ottica*

La nozione chiave su cui poggia l'opera è quella di *angolo visivo*, cioè di un angolo formato dai due raggi passanti per gli estremi del segmento considerato, che rappresenta una grandezza reale. Euclide parla di raggi visivi, cioè raggi uscenti dall'occhio e formanti un cono visivo, e li rappresenta matematicamente come semirette. All'interno del cono si presuppone una *distribuzione*

---

[4] In A. Frajese, L. Maccioni (a cura di), *"Gli Elementi di Euclide"* Classici UTET, Torino, 1966.

discreta dei raggi visivi, e di conseguenza anche l'esistenza di un angolo visivo minimo, al di sotto del quale nulla può essere visto. Una discussione più approfondita su questi temi si trova nella scheda allegata all'*Ottica* **Euclide e la visione per angoli.**

Ricordiamo che lo studio dell'ottica era in epoca ellenistica strettamente intrecciato a questioni filosofiche e metafisiche. Non vi era inoltre un'unica teoria della percezione visiva, ma si contrapponevano tra di loro varie ipotesi. Le più importanti erano quelle emissioniste (Empedocle e Platone) e quelle estromissive (Democrito e, con una sua impostazione personale, Aristotele). Sembra quindi molto plausibile che Euclide, pur impostando un lavoro squisitamente geometrico, abbia dovuto porre nelle premesse i principi fondamentali della teoria da lui scelta (quella emissionista) per quanto riguardava il fenomeno percettivo della visione, perché strettamente pertinente e condizionante il modello matematico che andava costruendo. Euclide accoglie la teoria emissionista e quindi esclude che si possano vedere cose che il raggio visivo attivamente non colga. Alla teoria emissionista si opponeva la teoria che voleva che dagli oggetti si staccassero delle immagini, delle pellicole che direttamente o indirettamente imprimevano sull'occhio la forma che contenevano, in modo che la visione fosse passiva e non venisse affatto a dipendere dall'incidenza di raggi visivi sull'oggetto stesso.

Poiché la modellizzazione geometrica del raggio visivo come semiretta non prevede un verso ma solo una direzione, si può facilmente sovrapporre a quella ottenuta pensando al raggio come raggio di luce che entra nell'occhio, invece di uscirne. In questo senso i teoremi di Euclide restano validi anche alla luce delle moderne teorie fisiche e ben si prestano a collegamenti con l'ottica geometrica prevista dai programmi di Fisica.

Euclide, prima di procedere con gli enunciati e le dimostrazioni dei teoremi dell'*Ottica*, pone, seguendo la stessa costruzione metodologica degli *Elementi*, sette "premesse" (ὅροι). In questo trattato, che presuppone il corpo teorico degli *Elementi*, viene specificato solo ciò che è strettamente necessario alla costruzione del modello: le prime due premesse ne definiscono gli strumenti, le altre cinque le regole operative.

Premessa 1

Sia posto che i segmenti rettilinei a partire dall'occhio si portino a una distanza tra di loro di dimensioni sempre maggiori.

La prima premessa riguarda la distribuzione nello spazio dei raggi visivi, che si propagano radialmente e si stendono lontano quanto si vuole.

Premessa 2

E che la figura formata dai raggi visuali sia un cono avente il vertice nell'occhio e la base sui contorni delle cose viste.

Come immediata conseguenza della prima, definisce la figura che deriva dalla distribuzione radiale dei raggi visivi: il cono.

Premessa 3

E che siano viste quelle cose sulle quali incidono i raggi visuali, mentre non siano viste quelle sulle quali i raggi visuali non incidono.

Questa premessa acquista un senso storicamente appropriato se pensiamo, come già detto prima, che al tempo di Euclide non c'era un'unica teoria della percezione visiva, ma si contrapponevano tra di loro varie ipotesi. Il significato di questa premessa potrebbe allora essere individuato in una dichiarazione di scelta teorica da parte di Euclide, che accoglie la teoria emissionista ed escludendo quindi che si possano vedere cose che i raggi visivi attivamente non colgano.

Premessa 4

E che le cose viste sotto angoli più grandi appaiono più grandi, quelle viste sotto angoli più piccoli più piccole, uguali quelle viste sotto angoli uguali.

Si postula che la dimensione apparente degli oggetti sia funzione della grandezza dell'angolo visivo.

Premessa 5

E che le cose viste sotto raggi più alti appaiano più in alto, quelle viste sotto raggi più bassi più in basso.

Premessa 6

E allo stesso modo che le cose viste sotto raggi più a destra appaiano più a destra, quelle viste sotto raggi più a sinistra appaiano più a sinistra.

In queste due premesse si postula che la stima della posizione relativa degli oggetti sia funzione della posizione dei raggi che formano l'angolo visivo.

Premessa 7

E che le cose viste sotto un maggior numero di angoli appaiano con miglior risoluzione.

Si postula che la risoluzione visiva sia funzione del maggior o minor numero di angoli sotto cui viene vista la cosa.

Riassumendo, Euclide costruisce un modello fondato su 7 assunti:
- Postula la stima della dimensione apparente.
- Postula la visione attiva per angoli visivi (premessa 2 e 3).
- Postula la stima della dimensione apparente degli oggetti in funzione della grandezza dell'angolo visivo (premessa 4).

- Postula la stima della posizione relativa degli oggetti in funzione della posizione dei raggi che formano l'angolo visivo (premesse 5 e 6).
- Postula che la risoluzione visiva sia funzione del maggior o minor numero di angoli sotto cui viene vista la cosa (premessa 7).

1.4 Il concetto di angolo e la sua misura

Nel determinare in classe metodi per la misura dell'angolo alternativi all'uso del goniometro, è utile iniziare illustrando antiche procedure.

Gli egiziani di millenni fa, erano impegnati, oltre che nella ricostituzione periodica della forma dei loro campi, anche nel calcolo accurato di inclinazioni. Il problema 56 del papiro di Rhind[5], ad esempio, arrivato fino a noi segnato su frammenti di papiro, chiede di calcolare il "seqt" della faccia di una piramide a base quadrata, alta 250 cubiti, con lato di 360 cubiti. Il "seqt" era la misura egiziana della pendenza di una linea – l'inclinazione reciproca di due linee diventa la pendenza di una di loro quando l'altra è orizzontale – e veniva ottenuta misurando in "mani" la profondità corrispondente alla elevazione di 1 cubito, equivalente a sette mani.

La soluzione che troviamo nel papiro è questa: si divide la base per due, e si divide ulteriormente il risultato per 250, per trovare la profondità in cubiti. Successivamente si moltiplica questo risultato per sette, per esprimerlo in mani. La cosa interessante di questo problema, al di là della tecnica dei calcoli, sta nell'esistenza del concetto di "seqt" (la moderna cotangente).

Sostituendo oggi il "seqt" con il rapporto inverso, otteniamo la tangente, che adotteremo anche noi:

$\tan(\alpha) = c$ o, per similitudine, $\tan(\alpha) = a/b$

[5] C.B. Boyer, "Storia della Matematica", Mondadori, Milano, 1980.

Un altro metodo per valutare l'ampiezza di un angolo, anticamente usato dai greci, era invece quello delle corde: la misura dell'angolo era determinata dalla corda individuata dal cerchio unitario di centro il vertice dell'angolo o dal rapporto tra il raggio del cerchio e la corda stessa:

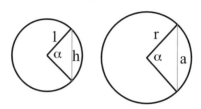

La corda è essenzialmente equivalente alla moderna funzione "seno", visto che il seno di un angolo non è altro che metà della corda sottesa dall'angolo doppio corda $(\alpha) = 2$ sen $(\alpha/2)$.

Poiché in tutta la trattazione della geometria della visione gli angoli non superano mai i 180°, preferiamo mantenere la misura dell'ampiezza dell'angolo in gradi. Per passare dai valori della tangente ai valori in gradi dell'angolo, per angoli acuti, consigliamo l'uso di una tavola delle tangenti, presente in fondo alla **scheda del Teorema 4 dell'*Ottica*** che riteniamo preferibile alla calcolatrice scientifica in quanto costringe, per lo meno nella fase iniziale dell'addestramento, a un momento in più di riflessione. Infatti la tavola, a differenza della calcolatrice offre le tabulazioni su due colonne adiacenti, portando il pensiero a sperimentare l'idea di funzione, di funzione inversa e di continuità.

Sarà inoltre adottata l'espressione "vedere grande n gradi" per esprimere la grandezza apparente di un oggetto, schematizzato con un segmento, che sottende un angolo visivo di n gradi. È opportuno svolgere un congruo numero di esercizi che abituino lo studente a passare dalla grandezza metrica dell'oggetto considerato, costante, alla grandezza apparente, variabile in funzione del punto di vista. È comodo anche definire i simboli con cui indicare "vedere più piccolo di…", "vedere più grande di…" e "vedere uguale a…". Per denotare che la grandezza AB è vista da O più grande di CD, scriveremo AB $(>)_O$ CD o, più semplicemente, sottintendendo O quando il contesto lo permetta, con AB $(>)$ CD. Analogo significato hanno i simboli $(<)_O$, $(>)_O$, $(=)_O$, che didatticamente si sono mostrati di grande aiuto.

Riassumendo:
- Si definisce l'angolo piano come l'inclinazione reciproca di due linee in un piano, che si toccano e non giacciono in linea retta. Tale inclinazione è misurata in gradi.

- Si definisce la tangente di un angolo acuto come rapporto tra il cateto opposto all'angolo e quello unitario adiacente, del triangolo rettangolo su di esso costruito.
- Si introduce l'espressione "vedere grande n gradi" per esprimere la grandezza apparente di un oggetto che sottende un angolo visivo di n gradi.
- Si introducono i simboli (<), (>), (=) per indicare "è visto più piccolo di", "è visto più grande di", "è visto uguale a".

Esercizi

In questi esercizi la posizione dell'occhio non è sempre definita lasciando all'insegnante la scelta che ritiene più opportuna.

1 – Dimostra per via sintetica che la tangente di un angolo a non cambia cambiando il lato su cui si prende il cateto unitario del triangolo rettangolo.

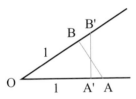

2 – Calcola la tangente di un angolo di 27°.
3 – Calcola quanti gradi misura un angolo a la cui tangente è tan(a) = 0,19.
4 – Calcola quanto si vede grande una torre alta 10 m situata a 20 m dall'occhio posto sulla linea di terra.
5 – Quanti gradi si vede grande una nave appena uscita dal porto, se la parte emersa dall'acqua è alta 30 m e la distanza dalla banchina del porto e la nave è di 1,5 km?
6 – Quanti gradi si vede grande la lavagna alta 1 m, alla distanza di 3 m?
7 – Se mi pongo alla distanza di 2 m da un quadro la cui altezza è di 70 cm, quanti gradi lo vedo grande?
8 – Sulla collina di fronte un albero alto 5 m si vede grande 2 gradi. Quanto è lontana la collina?
9 – A che distanza si deve portare una mela alta 8 cm perché si veda grande 10°?
10 – Nella sala di un cinema lo schermo è alto 3,5 m. A che distanza si deve mettere lo spettatore per vederlo grande 40°?
11 – Su una scrivania è posto il monitor di un computer alto 35 cm. A che distanza bisogna stare per vederlo grande 30°?
12 – Calcolare le dimensioni del sole sapendo che la sua distanza dalla terra è di circa 150 milioni di km e che appare grande 5°.

1.5 Teoremi e definizioni degli *Elementi* preliminari allo studio dell'*Ottica*

Nello studio della geometria della visione e dei primi teoremi dell'*Ottica* di Euclide occorre riferirsi ad alcuni risultati elementari che normalmente vengono svolti nella scuola media inferiore. Vogliamo qua, per completezza, richiamarli brevemente riferendoci, come abbiamo fatto fino a questo momento, al testo originale degli *Elementi* di Euclide La traduzione a cui ci riferiremo è quella di A. Fraiese e L. Maccioni edita dalla UTET nel 1970.

Alcuni risultati elementari sulla geometria dei triangoli che permettono di confrontare angoli confrontando segmenti e viceversa, sono nel contesto dell'Ottica di uso molto frequente. In particolare saranno usati con i nomi indicati i seguenti risultati di natura elementare.

Teorema dell'angolo esterno (Libro I, proposizione 16)
In un triangolo l'angolo esterno è maggiore dei due angoli non adiacenti (essendo difatti uguale alla loro somma).

Teorema sul confronto angoli-lati (Libro I, proposizione 18)
In un dato triangolo, ad angolo maggiore è opposto lato maggiore e viceversa a lato maggiore è opposto angolo maggiore.

E infine il
Teorema del punto interno (Libro I, proposizione 21)
Dato un triangolo ABC e un suo punto interno P, l'angolo APB è maggiore dell'angolo ACB.

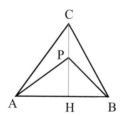

La dimostrazione di questo teorema non completamente ovvio, si può ricavare facilmente congiungendo P con C fino a incontrare in H il segmento AB ed applicando il teorema dell'angolo esterno ai due triangoli AHP e BHP.

Dal punto di vista didattico, a seconda del livello della classe, potrebbe essere questo il primo approccio alla dimostrazione di un teorema di geometria.

Oltre a questi fatti elementari sui triangoli saranno utilizzate alcune proprietà delle circonferenze e delle loro corde trattate nel terzo libro degli *Elementi* che richiameremo in nota al momento in cui verranno usate e i fatti più semplici sui rapporti e la conseguente teoria della similitudine come il **teorema di Talete** e i **criteri di similitudine dei triangoli** trattati nel V e VI libro degli *Elementi*. In questo manuale il rapporto tra due segmenti AB e CD sarà scritto con la notazione classica AB : CD intendendo con questo il rapporto tra la lunghezza del segmento AB e quella del segmento CD. Nessun segno verrà quindi attribuito al rapporto che va sempre inteso in valore assoluto.

Per quel che riguarda invece la geometria dello spazio, che raramente è ben conosciuta dai nostri allievi e che, d'altra parte, è fondamentale per trattare la visione che si colloca inevitabilmente nello spazio tridimensionale, preferiamo ricordare alcune definizioni di base ed alcune proposizioni di uso frequente che abbiamo trascritto dal XI libro degli Elementi.

Definizione III – Una retta è perpendicolare ad un piano, quando forma angoli retti con tutte le rette che la incontrano e che siano su quel piano –

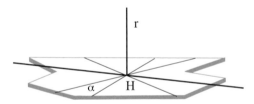

Definizione IV – Un piano è perpendicolare ad un altro piano, quando le rette condotte, in uno dei piani, perpendicolarmente alla intersezione comune dei piani stessi, sono perpendicolari all'altro piano –

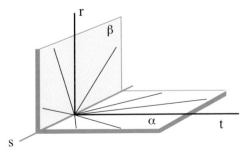

Definizione V – Inclinazione di una retta rispetto a un piano: se si conduce una perpendicolare dal termine superiore della retta al piano, e dal punto così originatosi [piede della perpendicolare] si traccia la congiungente al termine inferiore della retta sul piano, è l'angolo che è formato dalla congiungente così condotta e dalla retta sovrastante –

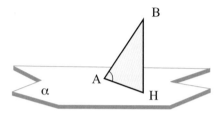

Definizione IV – Inclinazione di un piano rispetto ad un altro piano è l'angolo acuto compreso dalle rette condotte in ciascuno dei due piani, perpendicolarmente alla loro intersezione comune per uno stesso punto [di questa] –

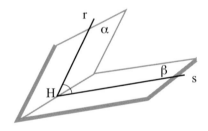

Ricordiamo infine le seguenti proposizioni del citato libro XI degli *Elementi* che useremo più avanti.

Teorema della perpendicolare (Libro XI, proposizione 5) – Se una retta è innalzata perpendicolarmente, nel comune punto di intersezione, a due rette che si taglino fra di loro, essa sarà anche perpendicolare al piano che passa per esse –

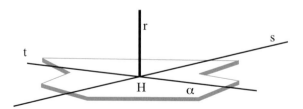

Teorema dei piani perpendicolari (Libro XI, proposizione 18) – Se una retta è perpendicolare a un piano, anche tutti i piani che passino per essa saranno perpendicolari a quello stesso piano –

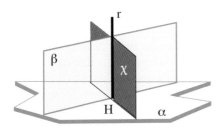

1.6 La distanza di un punto da un segmento

I primi teoremi dell'*Ottica* che verranno trattati si occupano di grandezze uguali poste in posizioni diverse e cercano di stabilire quale si vede più grande in rapporto alla distanza degli oggetti dall'occhio. Una trattazione di questi temi si trova, come vedremo, anche in Piero della Francesca e in Leonardo da Vinci i cui riferimenti precisi ai teoremi dell'*Ottica* sono evidenziati nelle relative schede didattiche all'interno del CD.

Per analizzare questi teoremi è necessario dare un senso scientifico ai termini utilizzati e schematizzare geometricamente gli oggetti. Una torre, per esempio potrà essere modellizzata attraverso un segmento. Nell'*Ottica* le grandezze sono sempre ridotte a segmenti, poligoni o cerchi.

In tutta l'*Ottica* non viene definita la distanza di un punto dà un segmento e negli Elementi se ne incontra la definizione solo nel caso particolare della distanza di una corda dal centro del cerchio (Libro III, prop. 14), ma nella nostra trattazione questo concetto è essenziale, e occorre definirlo in maniera rigorosa e non ambigua. Questa circostanza consente di discutere in classe il problema e di costruire insieme agli studenti, in forma guidata, la definizione occorrente, ripercorrendo con gli allievi, in questo semplice caso, il cammino proprio di una teoria scientifica che, a partire dai postulati e ponendo definizioni precise, è in grado di dimostrare i suoi teoremi.

Il concetto di distanza si può determinare attraverso la definizione che ne dà Tolomeo nella sua *Ottica*, o attraverso una concezione più moderna e generale di determinazione di un minimo, che sarà quella qui adottata.

La distanza tra due punti è la lunghezza, rispetto a una fissata unità di misura, del segmento che li congiunge. Meno evidente è cosa debba intendersi per distanza di un punto da un segmento. Tolomeo propone di definire la distanza di un punto O da un segmento AB come la distanza di O dal punto medio M del segmento.

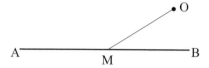

Questa definizione corrisponde bene all'immagine intuitiva che abbiamo quando il segmento è piccolo rispetto alla distanza del punto O. In questo caso infatti potremmo assimilarlo a un corpuscolo (il suo baricentro) come si fa in meccanica. Se invece la lunghezza di AB non fosse trascurabile e se il punto O fosse vicino ad un estremo del segmento, o addirittura sul segmento stesso, saremmo propensi a considerarlo molto vicino ad AB mentre la sua distanza dal baricentro M potrebbe essere anche molto grande.

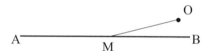

La definizione che proponiamo è più complicata di quella di Tolomeo ma tiene conto delle considerazioni precedenti.

Dato un segmento AB consideriamo la striscia di piano definita dalle rette ortogonali al segmento e passanti per i suoi estremi. Il punto O può trovarsi nel semipiano a sinistra o a destra della striscia o dentro la striscia stessa.

Definizione di distanza di un punto da un segmento – Se O è posto dentro la striscia di piano la sua distanza da AB è la misura del segmento di perpendicolare OH portata da O ad AB, altrimenti è la misura del segmento che unisce O all'estremo di AB a lui più vicino –

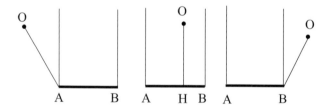

La definizione di distanza che abbiamo dato, diversamente da quella suggerita da Tolomeo, permette di affermare che un punto O ha distanza zero da AB se e solo se si trova sul segmento AB. Inoltre essa implica che la distanza di O dal segmento AB è minore o uguale alla distanza di O da ogni punto P di AB.

La cosa può essere vista considerando separatamente i tre casi e usando il teorema sul confronto angoli-lati.

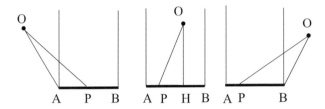

Maggiori dettagli ed esercizi su questo argomento si trovano in una apposita scheda all'interno della **scheda didattica del teorema 4 dell'***Ottica***.

2 La visione di oggetti uguali

Tra i 58 teoremi dell'*Ottica* ne sono stati scelti nove, nell'obiettivo di tracciare un percorso minimo ma significativo, che porti dall'ottica alla prospettiva. Questi nove teoremi, nella nostra esposizione, sono stati divisi in due gruppi: la visione di oggetti uguali e la visione della profondità.

L'ordine con cui verranno esposti i teoremi scelti non rispetta quello dell'opera, ma segue piuttosto un criterio didattico che impone, quando possibile, di graduare la complessità del materiale presentato. Il testo dei teoremi inoltre è stato a volte riformulato rispetto a quello originale. Nelle versioni a noi pervenute infatti i teoremi sono spesso esposti in maniera incompleta o approssimativa, e solo con l'aiuto della figura e della dimostrazione è possibile determinare tutte le necessarie ipotesi. È utile, quando possibile, discutere in classe la loro riformulazione partendo dall'enunciato originale e arrivando all'enunciato più opportuno. Questo tipo di lavoro "dal basso", oltre che a restituire alla matematica la sua dimensione storica e la sua natura di costruzione intellettuale, aiuta lo studente nella comprensione del ruolo delle ipotesi all'interno di un teorema e della validità non assoluta della tesi, funzione delle ipotesi stesse.

In questa stesura abbiamo esposto le dimostrazioni dei teoremi per punti nel modo più dettagliato possibile per consentire all'insegnante di ricavarne delle schede da utilizzare nel lavoro in classe. Gli approfondimenti più complessi sono opportunamente segnalati e si rimandano alle schede presenti nel CD.

2.1 Il teorema 5 dell'*Ottica*

Teorema 5 dell'*Ottica* – Grandezze uguali poste a distanze diverse appaiono diverse, e più grande appare quella che sta più vicino all'occhio –

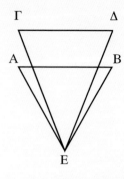

Nell'enunciato del teorema 5 non vengono formulate ipotesi sulla natura e posizione delle grandezze uguali. Ugualmente non è chiarita la posizione dell'occhio, molto importante per la validità del teorema. Esso infatti è vero solo in casi particolari, tra cui quello indicato nella figura che accompagna il testo: non sempre infatti tra grandezze uguali quella più vicina all'occhio viene vista più grande. È interessante notare come tuttavia si trovi questo enunciato, equivalente ed ugualmente impreciso, in Piero della Francesca[1] "*Se da un puncto se partissero linee sopra a do base equali et una fusse più propinqua che l'altra, la più propinqua farà magiore angolo nel dicto puncto*". E in Leonardo da Vinci[2] "*Infra le cose d'equal grandezza quella che sarà piu distante dall'ochio si dimostrerà di minore figura*".

La questione è trattata a vari livelli e in modo completo nella **scheda didattica del Teorema 5**, mentre qui verrà esposto e riformulato il teorema solo nel caso particolare indicato dalla figura che si trova di seguito al testo euclideo, che fa pensare ai due segmenti come lati opposti di un rettangolo e sembra fissare l'occhio nella striscia di piano definita dalle rette parallele che passano per gli estremi delle grandezze.

I. Teorema – Due segmenti uguali AB e CD, che formano i lati opposti di un rettangolo, visti da un punto interno alla striscia di piano delimitata dalle rette AC e BD, appaiono diversi e più grande quello più vicino all'occhio –

Si hanno due possibili posizioni dell'occhio: interna o esterna all'intervallo tra le grandezze. Con una riflessione rispetto alla retta passante per O e parallela alle grandezze è possibile ridurre il primo caso, nel quale l'occhio è posto tra le due grandezze (caso (a)), al secondo, nel quale l'occhio è esterno ad esse e del quale daremo dimostrazione (caso (c)):

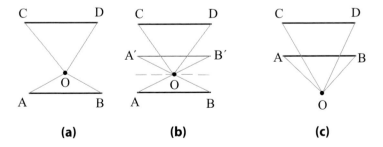

[1] "*De prospectiva*", I,4.
[2] J.P. Richter, "*The notebooks of Leonardo da Vinci*", Vol. I, ed. Dover, p. 97.

Ipotesi: AB = CD; AB // CD; l'occhio è posto tra le rette AC e BD
Tesi: Viene vista più grande la grandezza più vicina all'occhio

Dimostrazione

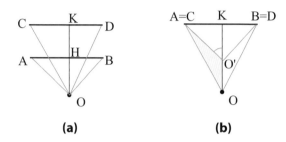

(a)   **(b)**

– Tracciamo la perpendicolare OK alle grandezze AB e CD. Gli angoli visivi da confrontare sono divisi in due parti. Poiché l'occhio è interno alla striscia di piano delimitata dalle rette AC e BD, la sua distanza da AB sarà la lunghezza di OH e la sua distanza da CD quella di OK. Supponiamo, per fissare le idee, che sia AB più vicina all'occhio di CD. Allora sarà OK > OH e la situazione è quella descritta nel caso (a).

– Portiamo con una traslazione la base del triangolo AOB a coincidere con la grandezza CD a lei uguale per ipotesi.

– Il triangolo AOB sarà traslato nel triangolo CO'D e l'angolo AOB nell'angolo CO'D (caso (b)).

– Poiché il punto O' è interno al triangolo CDO, per il teorema del punto interno, l'angolo AOB è maggiore dell'angolo COD e quindi AB è visto da O più grande di CD, cioè AB (>) CD

C. V. D.

Esercizi

1 – Ponendo l'occhio all'inizio di un corridoio largo 2 m e lungo 6 m, lungo l'asse centrale, questo verrà visto rettangolare, cioè con i lati equidistanti? Giustifica la risposta.
Volendo costruirlo in modo che, ponendo l'occhio a 1 m di distanza dall'inizio AB del corridoio, questo venga visto come un rettangolo, quale dovrebbe essere la sua larghezza finale?

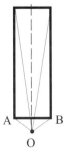

2 – Una scatola rettangolare di vetro ha la base di lati AB = 60 cm, BC =30 cm e viene vista dall'occhio posto in O a 15 cm di distanza da AB lungo l'asse che la divide in parti che stanno fra loro come 1:3.

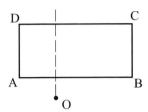

Quanti gradi appare grande il lato AB? E il lato CD?

3 – Un osservatore sta all'interno di una grande piazza quadrata, posto nel punto O delle intersezioni delle diagonali [caso (a)]. Volgendo lo sguardo in giro, vedrà i lati della piazza grandi uguali? Giustifica la risposta.

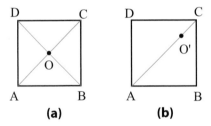

Se invece si sposta lungo la diagonale in O', [caso (b)] quali lati vedrà uguali girando lo sguardo? E quali saranno quelli visti più piccoli? Giustifica la risposta.

4 – Un osservatore si trova vicino a due sbarre di ferro uguali, come in figura. La sua distanza dalla sbarra AB è di 80 cm, quella dalla sbarra CD è di 120 cm.

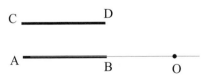

Quale sbarra apparirà più piccola? Giustifica la risposta.

Altri esercizi che riassumono questi primi principi dell'*Ottica*, sono presenti alla fine della **scheda didattica del Teorema 5**.

2.2 Il teorema 4 dell'*Ottica*

Teorema 4 dell'*Ottica* – Tra segmenti uguali e giacenti sulla stessa retta, quelli visti da distanza più grande appaiono più piccoli –

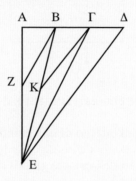

Anche questo teorema è dimostrato solo in un caso particolare ma, a differenza del precedente, la sua validità resta qualunque sia la posizione dell'occhio e la posizione dei segmenti. Le dimostrazioni si trovano nella **scheda didattica del Teorema 4** nell'ipotesi che i segmenti uguali siano adiacenti e nella **scheda didattica del Teorema 7** nel caso contrario. Segnaliamo anche, nella **scheda del Teorema I.7** del trattato di Piero Della Francesca, una discussione sulla dimostrazione, errata, che egli propone per il caso generale di questo teorema.

La figura che correda il teorema 4 suggerisce l'ipotesi non esplicita nel testo che i segmenti siano adiacenti e chiarisce che viene trattato il caso particolare in cui l'occhio è posto sulla perpendicolare al primo estremo. Ecco allora il caso particolare così come dimostrato da Euclide:

II. Teorema – Siano dati segmenti uguali e adiacenti, e posti sulla stessa retta e sia l'occhio O sulla perpendicolare al primo estremo. Allora quelli visti da distanza più grande appaiono più piccoli –

Ipotesi: AB = BC, AB e BC adiacenti, OA perpendicolare ad AB, l'occhio sta in O
Tesi: AB (>) BC

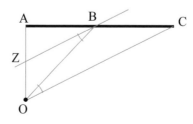

Dimostrazione

- AB (>) BC se l'angolo AOB > dell'angolo BOC.

- Si tracci per B la parallela a OC, ottenendo gli angoli alterni interni uguali ZBO e BOC.

- L'uguaglianza ci permette di confrontare, all'interno dello stesso triangolo, AOB con l'angolo ZBO invece che con l'angolo BOC, e di ridurre la tesi a AOB > ZBO.

- Ricordiamo che in un triangolo a lato maggiore sta opposto angolo maggiore. La tesi che AOB > ZBO si dimostra allora se dimostriamo che ZB > OZ.

- Per dimostrare che ZB > OZ consideriamo che, poiché AB = AC, per il teorema di Talete sulle trasversali AO e AB tagliate dalle parallele BZ e OC, anche AZ = ZO.

- Ma ZB, ipotenusa del triangolo rettangolo ZAB, è più grande del cateto AZ ed è quindi più grande anche di ZO, poiché AZ = ZO.

- Abbiamo quindi provato che ZB > OZ, da cui AOB > ZBO, dunque che AOB > BOC, da cui la tesi AB (>) BC.

C. V. D.

Esercizi

1 – Lungo un vialetto vengono poste alla stessa distanza tre piante di rose A,B,C. Le tre piante appaiono equidistanti se l'occhio è posto in O come nel caso (a)? E nel caso (b)? Giustifica la risposta.

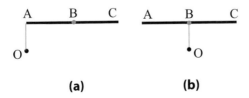

(a)   (b)

2 – Riprendendo l'esercizio precedente, l'occhio è posto come nel caso (a) in O a distanza di 2 m da AB e la rosa C è piantata a 4 m da A. A che distanza da A bisogna porre la rosa B affinché le tre piante siano viste equidistanti? [R: 1,23 m]

3 – Su una parete vengono attaccati, adiacenti e uno sopra l'altro, due pannelli. Il primo pannello AB è alto 3 m e dista dal pavimento 2m.

Quanto deve essere alto il secondo pannello BC per essere visto grande quanto il primo da un occhio posto di fronte ai pannelli, a 2 m dal pavimento e distante 1,5 m dalla parete?

 Ulteriori esercizi si possono trovare nella **scheda didattica del Teorema 4.**

2.3 Il teorema 7 dell'*Ottica*

Teorema 7 dell'*Ottica* – Grandezze uguali che siano sullo stesso segmento rettilineo non adiacenti e poste a distanze diverse dall'occhio appaiono disuguali –

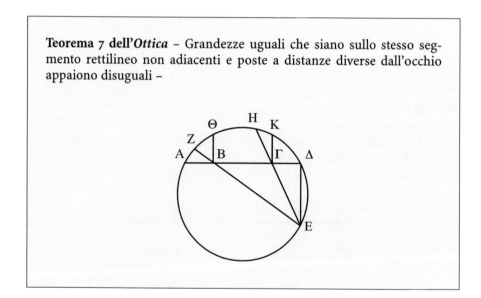

Nella dimostrazione si conclude, cosa non detta nel testo, che sempre si vedono maggiori le grandezze più vicine. Dunque sono viste diverse, come nel teorema 4, anche grandezze uguali che non siano adiacenti, purché giacciano sulla stessa retta.

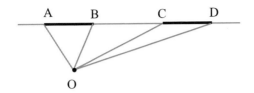

La dimostrazione del teorema non è particolarmente difficile ed è chiaramente esposta nella **scheda didattica del Teorema 7**. Essa richiede la conoscenza di alcuni teoremi sul cerchio che si trovano nel III libro degli *Elementi* non sempre presenti nel bagaglio di conoscenze geometriche dei nostri allievi. Qui enunciamo il teorema senza darne la dimostrazione e suggeriamo alcuni esercizi che propongono il contesto del teorema.

Esercizi

1 – Un osservatore si trova in O, davanti a due quadri di base AB e CD = 80 cm.

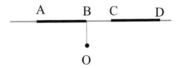

Sapendo che OB = 2 m e che la distanza BC tra i quadri misura 130 cm, quanto vengono visti grandi i quadri?

2 – Nel caso dell'esercizio precedente, a che distanza da AB va posto il quadro CD perché da O venga visto grande la metà di AB?

3 – Trova il luogo dei punti dai quali i due segmenti vengono visti uguali.

Giustifica la risposta.

4 – Il segmento AB misura 8 cm e viene visto grande 30° dall'occhio posto in O.

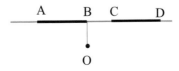

Sapendo che BC = 12 cm, quanto si vede grande il segmento CD se è uguale ad AB?

2.4 Il teorema 38 dell'*Ottica*

Teorema 38 dell'*Ottica* – Vi è un luogo tale che se l'occhio vi si sposta, mentre la cosa vista resta ferma, la cosa vista appare sempre uguale –

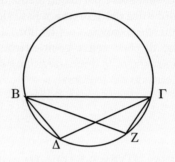

La circonferenza, come è noto, è definita come il luogo geometrico dei punti che hanno uguale distanza da un punto fissato, il suo centro, e questo permette di tracciarla con uno strumento semplicissimo come il compasso. La circonferenza ha una proprietà significativa nella geometria della visione: oltre ad essere il luogo dei punti equidistanti da un centro è anche parte di un possibile cammino dei punti di *equivisione* di un dato segmento.

La dimostrazione del teorema si appoggia alla proposizione 21 del libro III degli *Elementi*[3].

III. Teorema – Sia dato un segmento AB, e un punto P non allineato con A e B. Se l'occhio O appartiene all'arco di circonferenza APB il segmento AB è visto da O come da P –

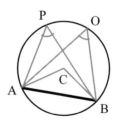

---

[3] *Elementi*, Libro III, prop. 21 – In un cerchio, angoli [alla circonferenza inscritti] in uno stesso segmento [circolare] sono uguali tra loro –

Ipotesi: L'occhio O sta sull'arco APB
Tesi: Gli angoli APB e AOB sono uguali per ogni posizione di O sull'arco

Dimostrazione

Consideriamo la circonferenza per A, B e P. Questa esiste ed è unica perché i tre punti non sono allineati.

Sia C il centro della circonferenza, e sia ACB l'angolo al centro che sottende AB. Sia AOB un qualunque angolo alla circonferenza con vertice sul arco che sottende AB. Poiché ogni angolo alla circonferenza è metà dell'angolo al centro[4], e poiché l'angolo al centro non varia, gli angoli col vertice sull'arco che sottende AB sono tutti uguali, e in particolare AOB = APB.

C. V. D.

Osservazioni

Nel teorema 38 dell'*Ottica* si parla di "luogo", ma bisogna fare attenzione al significato da dare a tale parola. Questo termine infatti, nel corso dello sviluppo della matematica, ha finito per assumere un significato tecnico molto preciso. La definizione di "luogo geometrico" infatti impone che l'insieme di punti che lo costituisce non solo soddisfi nella sua totalità la proprietà data, in questo caso l'equivisione, ma che anche esaurisca tutti i punti del piano che hanno tale proprietà. Questa ultima condizione non è soddisfatta dai punti dell'arco, che non sono gli unici da cui si vede AB sotto il medesimo angolo.

Nella figura seguente è costruito un punto Z fuori dalla circonferenza, che pure vede il segmento AB sotto lo stesso angolo a con cui è visto da O e che quindi toglie all'arco APB la qualità di luogo "geometrico" di equivisione, lasciando alla parola "luogo" un significato meno tecnico.

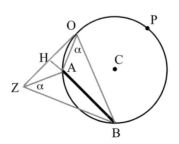

---

[4] *Elementi*, Libro III, prop. 20 – In un cerchio, l'angolo al centro è il doppio dell'angolo alla circonferenza quando essi abbiano lo stesso arco come base –

Il punto Z è stato ottenuto con una semplice costruzione: da un punto O dell'arco APB si traccia la perpendicolare ad AB e su tale perpendicolare si prende ZH = OH. Lasciamo per esercizio la dimostrazione che gli angoli in O e in Z che sottendono AB sono uguali.

Se pensiamo di fare questa operazione per ogni punto dell'arco eseguendo cioè una simmetria assiale di asse AB, otteniamo l'insieme L di punti descritto dalla figura seguente

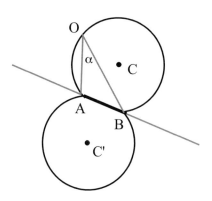

L'insieme L così realizzato è un luogo geometrico: è il luogo dei punti dai quali il segmento AB viene visto sotto lo stesso angolo.

La dimostrazione di quanto affermato è semplice: abbiamo appena visto che *tutti* i punti del luogo soddisfano la proprietà richiesta, ci resta da provare che *solo* loro hanno tale proprietà. Questo è vero per il seguente teorema:

IV. Teorema – Se T è un qualunque punto interno all'insieme L allora il segmento AB viene visto da T più grande che da un qualunque punto di L; se T è invece è esterno il segmento AB viene visto più piccolo –

Ipotesi: T è interno a L
Tesi: ATB > AOB

Dimostrazione

- Sia T interno a L. Sia O sul prolungamento di AT. L'angolo ATB, poiché è esterno al triangolo BTO è più grande dell'angolo AOB quindi AB si vede più grande dal punto T che dal punto O.

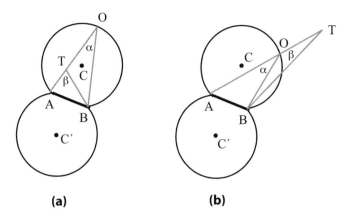

(a)   **(b)**

– Se T è esterno a *L* si può procedere nello stesso modo come chiaramente mostrato dalla figura nel caso (b)

C. V. D.

Questo teorema è molto utile perché descrive in modo completo la regione di piano nella quale un dato oggetto è visto più grande, più piccolo o uguale rispetto a come è visto da un fissato punto O. Usando questa descrizione possiamo dare un utile criterio in termini di lunghezze e non più di angoli per sapere, dati due punti di vista O e O', da quale di essi un segmento AB è visto più grande.

V. Teorema – Dato un segmento AB e due punti O e O' non allineati con A e B, siano *C* e *C'* due circonferenze passanti per ABO e ABO' e siano r ed r' i loro rispettivi raggi. Allora AB è visto più grande da O se e solo se r è minore di r' –

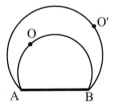

Il "se e solo se" presente nell'enunciato del teorema, impone di dimostrarlo sia nel caso diretto che in quello inverso. Esponiamo di seguito le dimostrazioni nei due casi:

Caso diretto

Ipotesi: r < r'
Tesi: AB è visto più grande da O

Dimostrazione

- Possiamo supporre che i due punti O e O' siano nello stesso semipiano rispetto alla retta AB. In caso contrario possiamo infatti, con una simmetria assiale, ridurci a questa situazione.

- Consideriamo i centri C e C' delle circonferenze C e C' rispettivamente e siano AC = r e AC' = r' i due raggi.

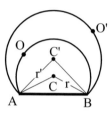

- Poiché r < r', l'angolo al centro ACB è maggiore dell'angolo al centro AC'B per il teorema del punto interno.

- Poiché l'angolo al centro ACB è il doppio dell'angolo visivo AOB e AC'B è il doppio di AO'B, abbiamo che AOB è maggiore di AO'B e quindi il segmento AB è visto più grande da O.

C. V. D.

Caso inverso

Ipotesi: AB è visto più grande da O
Tesi: r < r'

Dimostrazione

- Sia C il centro della circonferenza C. Spostiamo il punto O e O' sulla retta AC nello stesso semipiano, cosa che possiamo fare senza alterare gli angoli visivi, per il Teorema IV.

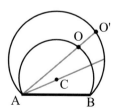

– Poiché AB è visto ancora più grande anche dal nuovo punto O per il Teorema IV, ne segue che il punto O' è esterno al cerchio C e quindi 2r = AO < AO'.

– Ma AO' è una corda del cerchio C' e una corda è sempre minore o uguale al diametro. Dunque AO' < 2r'.

– Confrontando queste disuguaglianze segue che 2r < 2r' e quindi r < r'.

C. V. D.

Usando i Teoremi IV e V possiamo risolvere vari problemi nei quali si domanda di confrontare gli angoli visivi coi quali sono visti due o più oggetti.

Le animazioni interattive che si trovano nel CD e la trattazione teorica che abbiamo fino a questo punto sviluppato permettono anche di capire a fondo lo spirito dei **Teoremi 44, 45, 46, 47 dell'*Ottica***, che possono ora essere sviluppati in classe con facilità e forniscono stimoli e idee per formulare diversi esercizi, alcuni dei quali sono riproposti in fondo a questo capitolo.

In particolare il teorema 45 dell'*Ottica* risolve il problema di trovare il luogo dei punti lungo il quale due segmenti adiacenti, di lunghezze diverse, posti su una stessa retta sono visti ugualmente grandi. Tale luogo è trattato diffusamente nella **scheda del Teorema 45**, sia per via sintetica che analitica collegandolo a varie questioni di storia della matematica, tra cui la teoria aristotelica dell'arcobaleno e il rapporto armonico tra quattro punti allineati.

Un esercizio di tipo *Problem solving* si trova alla fine della scheda, dove una figura animata, allegata al problema, permette di formulare ipotesi e verificarne la validità sul piano sperimentale e su quello logico deduttivo.

Esercizi

1 – Sono dati i segmenti AB e CD e il punto O al vertice del quadrato di lato AB, come in figura (AB = 2CD). AB è in questo caso visto da O maggiore di CD. Trovare, se esistono, i punti per i quali i segmenti AB e CD sono entrambi visti come si vede AB da O.

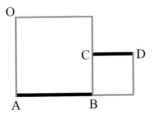

Soluzione

AB è visto da O grande 45°. Lungo l'arco di circonferenza per AOB il segmento AB è costantemente visto grande 45°. Tracciamo ora un arco di circonferenza su CD che abbia un angolo al centro di 90°.

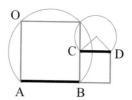

Il segmento CD è visto grande 45° da tutti i punti che si trovano su questo secondo arco. Nel punto dove i due archi si intersecano i segmenti AB e CD saranno visti entrambi grandi 45°.

Notiamo che, data l'estrema simmetria della figura, avremmo potuto trovare la soluzione in modo diretto:

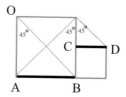

2 – Risolvere con riga e compasso: sono dati i segmenti AB e CD, e l'occhio, posto al vertice del triangolo equilatero AOB. Determinare i punti del piano dai quali AB e CD si vedono come AB è visto da O.

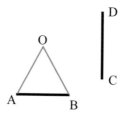

3 – È dato il segmento AB e una successione di circonferenze C, C', C" ecc., ognuna della quali con il centro posto sulla circonferenza precedente come in figura. Tre osservatori si trovano ognuno, rispettivamente, sulle tre circonferenze. Dimostrare che l'osservatore posto su C' vede il segmento AB grande la metà di come lo vede l'osservatore posto su C. L'osservatore posto invece su C", come vede AB rispetto all'osservatore su C?

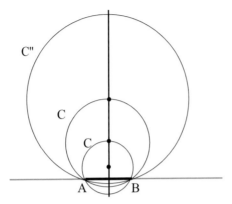

I **Teoremi 48 e 49** dell'*Ottica* riguardano proprio la ricerca di quei luoghi dove uno stesso segmento è visto la metà rispetto a come è visto da una data posizione.

Ulteriori esercizi, a vari livelli, alcuni dei quali richiedono anche strumenti di geometria analitica, si trovano nella **scheda didattica del Teorema 45** dell'*Ottica*.

2.5 Il teorema 8 dell'*Ottica*

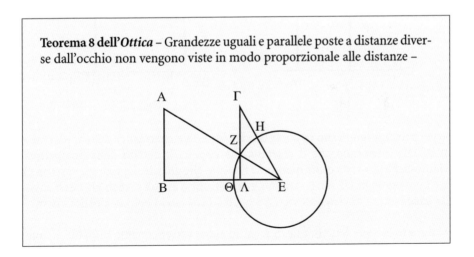

Teorema 8 dell'*Ottica* – Grandezze uguali e parallele poste a distanze diverse dall'occhio non vengono viste in modo proporzionale alle distanze –

Questo teorema è importante perché evidenzia la differenza sostanziale che esiste tra le leggi della "visione diretta" e quelle invece della "rappresentazione su quadro": allontanando un oggetto dall'occhio, lo *vediamo* diminuire, ma non proporzionalmente alla distanza a cui si porta, mentre nella riproduzione prospettica su un piano lo *disegniamo* piccolo proporzionalmente alla distanza dall'occhio.

In altre parole, se portiamo il segmento AA' in BB' a una distanza doppia dall'occhio O (OA = AB), l'angolo sotto cui lo vediamo non diminuisce della metà ma un po' di meno, come si illustra nella figura seguente nella quale è stata tratteggiata la bisettrice dell'angolo A'OB. Il segmento BB' *appare* allora più grande della metà di AA'.

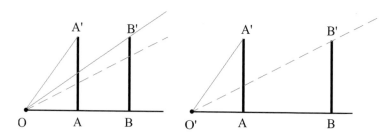

Volendo *vedere* BB' grande la metà di AA', dovremmo spostare B sulla bisettrice, come in figura, dove appare chiaramente anche che la distanza OA < AB.

Se invece vogliamo rappresentare i segmenti sul piano DQ di una tela, il *disegno* DE del segmento BB' è proprio, per motivi di similitudine tra triangoli, la metà del *disegno* DF di AB (caso (a) della figura seguente):

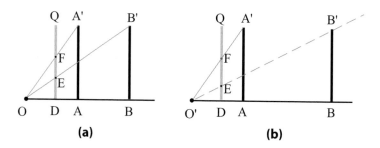

(a)   **(b)**

I due princìpi sembrano in contrasto fra loro. Tale contrasto è solo apparente e si scioglie pensando che il disegno, che rispetta il dettato della prospettiva, viene anch'esso *visto* e che quindi, se l'occhio che guarda il quadro è posto in O, anche i segmenti DE e DF saranno guardati sotto angoli visuali gli stessi angoli visuali sotto cui vengono visti AB e A'B', restituendo un'unica realtà visiva.

Malgrado le cose dette in questi termini siano estremamente semplici, la questione non è stata, in passato, compresa ed interpretata con la stessa facilità. La grandezza dell'immagine visiva, cioè l'angolo, veniva confusa con la grandezza della sua rappresentazione e l'immagine stessa veniva così identificata col suo disegno pittorico. Lo stesso Panofsky basa su questa incomprensione gran parte della sua argomentazione in favore di due prospettive, una per angoli, antica, coerente col teorema 8 euclideo, l'altra lineare, coerente con la prospettiva rinascimentale.

Noi, al contrario, come mostreremo nei capitoli successivi, riscontriamo una coerente linea di sviluppo che porta dalla visione diretta alla prospettiva lineare.

Rienunciamo ora il teorema 8, di visione dunque, ricordiamolo, non di prospettiva, tenendo conto della intera trattazione euclidea.

VI. Teorema – Dati tre punti A, B, O su una retta r e due segmenti AA', BB', uguali e perpendicolari ad r, detto α l'angolo AOA' e dA la distanza di O da A, β l'angolo BOB' e dB la distanza di O da B, allora il rapporto tra le distanze dA/dB è più grande del rapporto tra gli angoli β/α –

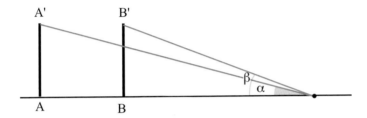

Notiamo che nel linguaggio della trigonometria il rapporto dA/dB diventa il rapporto tra tanβ e tanα e il teorema afferma che

$$\frac{\tan\beta}{\tan\alpha} > \frac{\beta}{\alpha}$$

cioè che la funzione trigonometrica tanα non è lineare. Se lo fosse, cioè se tanα = kα, allora il rapporto tra le tangenti sarebbe uguale al rapporto tra gli angoli.

Gli angoli[5] non sono compresi tra le grandezze archimedee, cioè tra le grandezze che *possono, se moltiplicate, superarsi reciprocamente*, requisito richiesto nell'introdurre e sviluppare nel libro V degli *Elementi* la teoria dei rapporti. Per questo motivo Euclide è molto cauto e quando possibile evita di considerare il rapporto tra angoli. Lo fa una sola volta, negli *Elementi*, nell'ultimo teorema del Libro VI, nel quale è enunciato peraltro il principio che verrà qui usato: in uno stesso cerchio gli angoli al centro stanno tra loro come i rispettivi settori.

---

[5] Per una discussione più approfondita del concetto di angolo, di carattere storico e didattico, vedi L. Catastini, "*Il sasso e la lanterna*" e F. Ghione, "*Il paradosso dell'angolo di contingenza*" in Progetto Alice, n. 9, 2002 pp 511-549.

In questo caso Euclide identifica il rapporto tra due angoli acuti col rapporto tra le aree dei settori circolari che i due angoli definiscono in uno stesso cerchio. In effetti se, per esempio, un angolo α è doppio di un angolo β, anche l'area del settore circolare di α è doppia di quella del settore di β, cioè il rapporto 2:1 si mantiene:

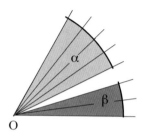

Ipotesi: AA' = BB'. AA' e BB' perpendicolari a OA
Tesi: dA/dB > β/α

Dimostrazione

Per dimostrare il teorema Euclide traccia la circonferenza di centro O e raggio OH, che vediamo nella figura seguente:

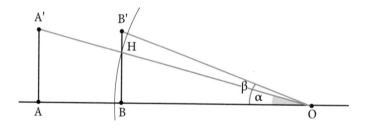

- Dato che, per ipotesi, i segmenti AA' e BB' sono paralleli, i triangoli OAA' e OBH sono simili e quindi i rapporti tra i cateti corrispondenti sono uguali, cioè dA : dB = AA' : BH. Ma, per ipotesi, AA' = BB' e quindi

$$dA : dB = BB' : BH$$

- Per confrontare questo rapporto con il rapporto tra i rispettivi angoli b e a, ricordiamo che le aree di triangoli con la stessa altezza stanno tra di loro come le basi e che quindi possiamo affermare che B'B : BH = OBB': OHB. Invece del rapporto B'B : BH possiamo considerare il rapporto tra le aree dei triangoli OB'H e OBH e confrontarlo con quello delle aree dei rispettivi settori circolari. Dobbiamo cioè ora dimostrare che

$$OBB'/OHB > OC'C/OHC$$

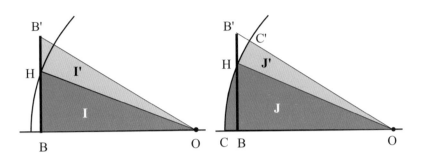

che scriviamo come (I+I')/I > (J+J')/ J dove I, I', J e J' sono le aree definite in figura.

- Ora (I' + I)/I = I'/I + I/I = I'/I + 1 e (J'+ J)/J = J'/J + J/J = J'/J + 1 e quindi, per dimostrare la tesi, basta verificare che il rapporto tra i triangoli è maggiore del rapporto tra i settori, cioè:

$$I'/I > J'/J.$$

- Risulta vero, per la nozione comune che la parte è minore del tutto, che I'>J' e I<J, dunque I'/I > J'/J perché le due frazioni I'/I e J'/J hanno l'una il numeratore maggiore dell'altra e i denominatori invece rispettivamente più piccoli.

- Ricapitolando: dA/dB = (I + I')/ I > (J + J')/J = β/α.

C. V. D.

Esercizi

1 - Il segmento AB misura 20 cm e si trova a 50 cm dall'occhio posto in O.

Calcola quanto si vede grande AB. Se viene spostato di 30 cm a destra lungo la retta OA si vede più grande o più piccolo? Giustifica la risposta. Quanto appare grande nella nuova posizione?

2 – Il segmento AB misura 20 cm e si trova a 50 cm dall'occhio. A quale distanza lo devo portare affinché venga visto grande la metà?

3 – Riempi la tabella seguente calcolando quanti gradi si vede grande un segmento AB di 2 m alle distanze indicate.

metri	gradi	metri	gradi
2		1	
4		3	
8		9	
16		27	
32		81	

Secondo i dati raccolti nelle tabelle, si può affermare che la grandezza apparente di AB varia in modo inversamente proporzionale alla distanza di AB dall'occhio? Per vedere il segmento grande la metà devi allontanarti più del doppio della distanza iniziale, o meno?

3   La visione della profondità

L'*Ottica* di Euclide è un'opera che costruisce le basi teoriche su cui fondare una eventuale prospettiva. È esistita una prospettiva ellenistica? E se sì, è analoga a quella rinascimentale? L'analisi di pitture romane del tardo ellenismo, in particolare di quelle pompeiane, e della Stanza delle Maschere, ampiamente discussa nella **scheda didattica al Teorema 6**, sembrerebbe portare una risposta affermativa, generalmente accettata fino agli inizi del novecento e da noi condivisa. Questa tesi fu messa in discussione nel 1927 da Erwin Panofsky in un saggio ormai famoso: *La prospettiva come forma simbolica*[1]. In questo saggio l'autore prefigura una prospettiva antica "curva", ottenuta cioè da una proiezione su una superficie sferica, più consona alla curvatura della retina. Questa costruzione, approssimata secondo Panofsky con la sostituzione degli archi con le rispettive corde, dà origine, riportata sul piano, ad una prospettiva, nella quale le linee convergono a un asse di fuga anziché verso un unico punto, come in quella piana rinascimentale. Abbiamo così la disposizione delle linee di profondità a "lisca di pesce" lungo l'asse di fuga, presenti in alcuni affreschi pompeiani e in dipinti medioevali fino agli inizi del Rinascimento, conseguenza, sempre secondo l'autore, dell'applicazione dei principi della visione per angoli di Euclide. Uno degli argomenti usati da Panofsky per sostenere la sua tesi è la contraddizione tra quanto affermato nel teorema 8, che le grandezze viste non variano proporzionalmente alla distanza dall'occhio, con il principio, esattamente contrario, della prospettiva piana, contraddizione che renderebbe impossibile la convivenza delle due teorie.

Il saggio di Panofsky ha mosso approfondite riflessioni alcune delle quali hanno dato origine a critiche ben argomentate alla tesi della prospettiva curva. Tra le tante risposte contrarie al saggio, quella di D. Gioseffi[2] appare lucida e estremamente accurata, e da essa emerge come la visione per angoli non sia affatto in contrasto con le leggi di una prospettiva lineare. Analizzando inoltre le opere pittoriche delle ville pompeiane (e potremmo oggi aggiungere la splendida testimonianza nella villa augustea della Stanza delle Maschere, non ancora scoperta negli anni dello scritto) Gioseffi mostra come all'epoca si fosse in grado di produrre dipinti prospetticamente corretti, secondo linee di profondità convergenti in un unico punto di fuga.

Abbiamo visto peraltro, trattando il teorema 8, come la non linearità della visione per angoli non sia in contrasto con la proporzionalità di quanto rappresentato sulla superficie prospettica, oggetto anch'esso di visione.

---

[1] E. Panofsky, *"La prospettiva come forma simbolica"*, Feltrinelli, 1961.
[2] D. Gioseffi, *"Perspectiva artificialis - per la storia della prospettiva - spigolature e appunti"*, Università degli Studi di Trieste, 1957.

Vedremo come i teoremi che vengono presentati in questo capitolo siano anch'essi armonici con la prospettiva rinascimentale e come anzi enuncino in maniera più o meno diretta i princìpi che reggono la convergenza di tutti i segmenti longitudinali verso un unico punto, e la progressione verso la linea d'orizzonte, o "linea centrica", come la chiamerà Alberti, dei piani orizzontali che si allontanano dall'occhio.

Questi teoremi sono i primi da noi trattati che richiedano esplicitamente riferimenti teorici alla geometria dello spazio. In particolare occorre ricordare le definizioni e proposizioni del XI libro degli *Elementi* presenti nei prerequisiti.

3.1 La visione di punti allineati

Nella geometria euclidea il parallelismo e l'equidistanza sono irrimediabilmente legati dal V postulato. Due rette parallele sono equidistanti e, viceversa, il luogo dei punti equidistanti da una retta è ancora una retta che, non incontrando la prima, le è parallela. La negazione di questo fatto porta alla costruzione di geometrie diverse dalla euclidea, come quella sferica di Menelao, per citarne una, che forniscono altri modelli, peraltro utili, della realtà. Come orientarsi, ad esempio, nell'osservazione della volta celeste, dove la posizione degli astri non è facilmente valutabile, dove l'unico senso con cui possiamo indagare è la vista, dove tutto sembra di una profondità infinita, paradossalmente appiattita su uno stesso piano?

Come definire allineate un gruppo di stelle, se vengono viste tali, a prescindere dallo loro effettiva posizione nello spazio? La geometria di Menelao permette di risolvere questo tipo di problemi, dando indicazioni precise. Seguendole potremmo dire, ad esempio, che vediamo tre stelle allineate se, pensando di essere al centro della volta celeste, il nostro occhio e i raggi visivi con cui vediamo le tre stelle giacciono su uno stesso piano:

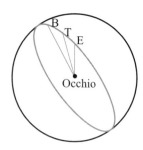

Questa definizione mantiene la sua efficacia anche nell'ambito della geometria della visione e ci suggerisce una buona definizione del "vedere allineato":

Definizione di "apparente allineamento" – Dati tre o più punti A,B,C, ... e un punto O, questi punti sono visti da O allineati se i raggi visivi OA, OB, OC, ... giacciono su uno stesso piano –

Analogamente una linea viene vista da O retta se i raggi visivi che la colgono stanno tutti su uno stesso piano, viene invece vista curva nel caso contrario. Nella figura seguente i raggi visivi in (a) sono complanari, per cui A,B,C,D sono visti allineati. Nel caso (b) invece i raggi visivi stanno su piani diversi, per cui i punti A,B,C,D,E sono visti formare una linea curva.

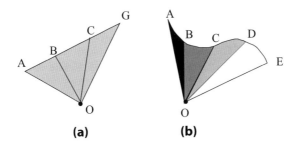

(a)   (b)

Questa definizione è implicitamente supposta anche da Euclide che nel teorema 22 dell'*Ottica* afferma: "Se un arco di circonferenza è posto nello stesso piano in cui è l'occhio, l'arco di circonferenza appare un segmento rettilineo".

Il modello matematico euclideo della visione non è, ovviamente, completamente aderente alla realtà che vuol descrivere e, non tiene conto di tutti i casi particolari. Di quelli derivanti da posizioni estreme dell'occhio, per esempio, nelle quali i bulbi oculari sono eccessivamente convergenti, o del raffinato meccanismo cerebrale di correzione del percepito visivo, che opera attraverso l'interazione con altri sensi. Un esempio significativo di queste anomalie è dato dall'immagine seguente dove punti oggettivamente allineati vengono ricostruiti dal sistema percettivo visivo come se non fossero allineati.

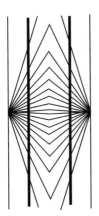
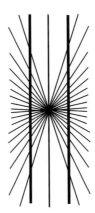

Le prime pionieristiche ricerche su questi temi si devono alla scuola della Gestalt che formula nuove e più fini leggi della visione che tengono conto di una serie di complicate condizioni dalle quali la geometria della visione euclidea prescinde[3].

La dimostrazione del teorema 22 è piuttosto controversa. È ovvio che mancando una definizione precisa di "vedere rettilineo" qualunque dimostrazione perde il carattere rigoroso proprio dell'argomentare geometrico e facilmente si impantana in argomenti impropri.

La definizione di "apparente allineamento" ci permette di affermare che comunque si guardino tre punti allineati, questi vengono visti sempre allineati, un segmento appare sempre rettilineo[4]. L'allineamento risulta così essere una proprietà invariante, che non dipende dal punto di vista. Il contrario non è vero: se tre punti si vedono allineati, non è detto che lo siano anche nella realtà, cioè non è detto che giacciano realmente su una stessa retta, come appare chiaramente dal teorema 22 dell'*Ottica*.

Nello spazio può accadere che punti che paiono allineati da un certo punto di vista, e che sembrano complanari, nella realtà possano essere situati su rette sghembe tra loro e su piani diversi e anche molto distanti. Nel disegno si sono volute raffigurare sei stelle (a sinistra nella figura seguente) che nel cielo paiono formare un triangolo piano, ma che, se potessimo girarvi intorno, apparirebbero in realtà disposte come lungo i lati della figura in prospettiva, che sono tra loro sghembi.

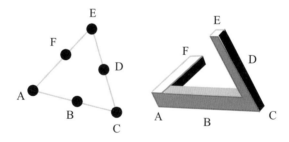

Su questo fatto si basa la realizzazione concreta di "figure impossibili", oggetti cioè che se guardati da un certo punto di vista, sono paradossali.

---

[3] Una ricaduta in ambito didattico delle teorie della Gestalt sono analizzate nel lavoro di L. Catastini, *"Neuroscienze, apprendimento e didattica della matematica"*, Progetto Alice, n. 4 e 6, vol. II, 2001.

[4] Sottolineare questo fatto, usando magari in classe un prospettografo, integra nel modello della geometria della visione il concetto di trasformazione e degli elementi in essa invarianti, creando i primi importanti elementi concettuali per lo studio e la comprensione della geometria proiettiva.

3.2 Il teorema 6 dell'*Ottica*

Il teorema 6 è molto importante nello sviluppo delle tecniche di disegno prospettico e nella storia del pensiero scientifico poiché in esso possiamo trovare il
primo germe che, nel disegno, porterà al concetto di **punto di fuga** e in geometria al concetto, introdotto da Desargues nel XVII secolo, di **punto all'infinito**.

Il teorema descrive il modo col quale vengono visti segmenti paralleli. Essi
vengono visti avere direzioni diverse, e quindi, apparentemente, convergere a
un punto. Più i segmenti paralleli sono prolungati, più si vedono stringere tra
loro, in un processo continuo che ha fine solo per i limiti della visione umana,
che non vede oltre una data dimensione. L'effetto finale, che sperimentiamo
ogni volta che segmenti paralleli si stendono davanti a noi, è magistralmente
descritto da Lucrezio[5] come lo "stringersi verso la punta oscura di un cono",
oscurità nella quale si perde la capacità risolutiva della visione umana e nella
quale tutto è assimilato a un punto materiale[6].

L'enunciato di Euclide è, nello stile dell'*Ottica*, molto conciso e carico di significati ed implicazioni, esplicite o implicite, che cercheremo di analizzare.

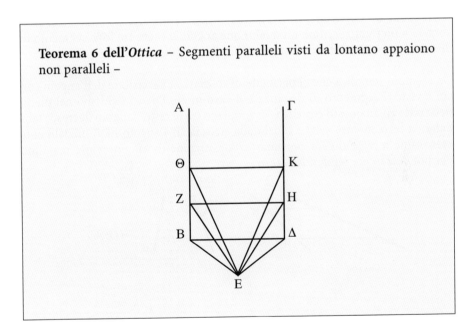

**Teorema 6 dell'*Ottica* – Segmenti paralleli visti da lontano appaiono
non paralleli –**

---

[5] Lucrezio, "*De rerum natura*", libro IV, vv. 426-431.

[6] Con questo termine intendiamo un punto dotato di estensione, concezione attribuita ai
pitagorici e contrapposta al punto privo di dimensione degli *Elementi*.

La dimostrazione avviene considerando il segmento AB, perpendicolare alle due parallele a e b, che chiameremo segmento di distanza, mostrando come questo, allontanandosi dall'occhio, si veda progressivamente diminuire. Per questo i due segmenti non appaiono equidistanti, ma anzi appaiono convergenti.

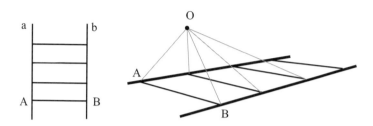

La questione si riduce quindi ad un problema puramente geometrico: quello di studiare la variazione dell'angolo visivo AOB quando il segmento di distanza AB si allontana dall'occhio e di dimostrare che quest'angolo, da una certa posizione in poi, diventa sempre più piccolo.

Definizione di "apparente convergenza" – Due rette parallele sono viste convergere a un punto se, dato un qualunque angolo ε, esiste un loro segmento di distanza che è visto sotto un angolo più piccolo di ε[7] –

Un esempio semplice che ci permette di studiare la variazione dell'angolo con cui è visto il segmento di distanza è il caso in cui l'occhio si trovi nel piano delle rette ab. In questo caso, se O è compreso tra le rette, l'angolo decresce tendendo a zero, mentre se O è fuori dalla striscia ab, l'angolo AOB inizialmente cresce fino a raggiungere, per una certa posizione di AB, un valore massimo per poi decrescere tendendo a zero.

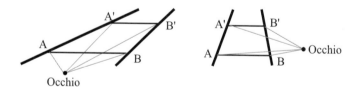

---

[7] Tutto questo, nel linguaggio tecnico della matematica, come è noto, si esprime dicendo che il limite dell'angolo AOB è zero quando il segmento di distanza di AB si allontana dall'occhio tendendo all'infinito. In questo manuale, per mantenere un carattere vicino alla trattazione euclidea e per lasciare il livello il più possibile elementare non useremo concetti e teoremi della teoria dei limiti anche se ciò potrebbe in alcuni casi appesantire il linguaggio. Ovviamente l'insegnante è libero di operare una scelta diversa.

Su questo problema, a seconda del livello della classe e degli strumenti a disposizione, è possibile sviluppare un interessante esercizio. La **scheda didattica al Teorema 6**, contiene un'ampia trattazione di tale questione dal punto di vista sia sintetico che analitico.

Anche nel caso generale, nel quale l'occhio non è nel piano delle due rette, accade un fenomeno simile a seconda che la proiezione ortogonale H dell'occhio sul piano delle rette cada dentro o fuori la striscia da esse determinata.

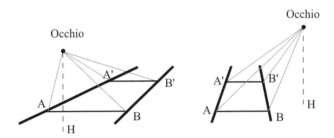

Per questo Euclide, nel suo enunciato, pone la posizione dell'occhio abbastanza lontano dai due segmenti. Possiamo infatti correttamente affermare che dati due segmenti paralleli, considerando i loro prolungamenti, il segmento di distanza AB è visto **da un certo punto in poi** diventare sempre più piccolo, e l'angolo visivo AOB diminuisce progressivamente, avvicinandosi all'angolo minimo di risoluzione.

Ricapitolando quanto abbiamo detto, possiamo formulare il nostro teorema 7.

VII. Teorema "Della convergenza dei segmenti paralleli" – Segmenti paralleli, da un certo punto in poi, si vedono convergere a uno stesso punto –

Dimostreremo il teorema, come nel testo euclideo, nel caso di due segmenti, quando la proiezione H dell'occhio sul loro piano cada tra essi, rimandando alla **scheda didattica del Teorema 6** per una dimostrazione generale.

Sono da considerare due casi:

1) l'occhio appartiene al piano dei due segmenti;

2) l'occhio non appartiene al piano dei due segmenti.

Ipotesi: Le rette date a e b sono parallele, la proiezione H di O è interna alla striscia ab

Tesi: L'angolo visivo AOB < COD e dato un angolo qualunque ε esiste un segmento di distanza AB che è visto sotto un angolo più piccolo di ε.

Dimostrazione del caso 1)

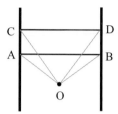

- La prima parte della tesi segue facilmente dal Teorema I del manuale: l'angolo visivo AOB è più grande dell'angolo visivo COD, e questo vale per tutti i segmenti via via più lontani dall'occhio posto in O.

- Per dimostrare la seconda parte della tesi, dato l'angolo ε, dobbiamo poter costruire un segmento di distanza AB che sia visto sotto un angolo più piccolo di ε. Supponiamo che l'occhio sia più vicino alla retta a che non alla retta b e tracciamo la parallela ad a e b passante per O.

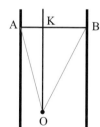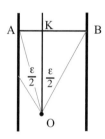

- In questo modo, ovunque sia il segmento AB, l'angolo visivo AOB è diviso in due parti: AOK e KOB. Dato che AK < KB, l'angolo AOK è minore dell'angolo KOB. Dividiamo ora l'angolo dato ε in due parti uguali e riportiamo questi angoli in O come nella figura a destra. In questa situazione l'angolo AOK è minore di ε/2 mentre l'angolo BOK è uguale a ε/2. La somma dei due angoli sarà quindi minore di ε/2.

Dimostrazione del caso 2)

Sia l'occhio fuori dal piano di base β definito dalle due rette parallele a e b, sia H la sua proiezione ortogonale su β, h la retta passante per H e parallela ad a e b ed, infine, AB il segmento di distanza tra le parallele a e b, ad esse perpendicolare.

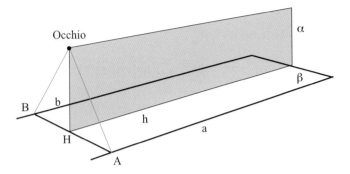

- La retta OH è perpendicolare al piano di base β e quindi, per la Prop. XI,18[8] degli *Elementi*, anche il piano α passante per OH e per h, è perpendicolare al piano β.

- Per la definizione XI,4 degli *Elementi* le rette di due piani perpendicolari che siano entrambe perpendicolari all'intersezione tra i piani, sono anche perpendicolari tra loro. Da qui discende che ogni retta del piano β perpendicolare ad h, per esempio, nella figura seguente, AK è perpendicolare alla retta del piano α anch'essa perpendicolare ad h nel punto di intersezione, nell'esempio KZ.

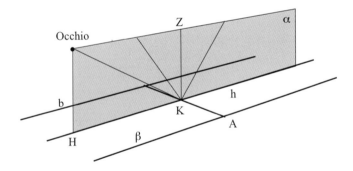

- La proposizione XI,5 d'altro canto afferma che, se una retta è innalzata perpendicolarmente ad altre due rette, nel loro punto di intersezione, allora sarà perpendicolare anche al piano che passa per esse. Questo permette di affermare che la retta AK, perpendicolare ad h e a KZ, è perpendicolare al piano α che le contiene.

---

[8] *Prop. XI,18*: Se una retta è perpendicolare a un piano, anche tutti i piani che passino per essa saranno perpendicolari a quello stesso piano.

- AK sarà quindi perpendicolare a tutte le rette passanti per il punto di intersezione K, e in particolare a OK.

- Il segmento OK si mantiene quindi perpendicolare ad AK, qualunque sia la posizione di A lungo la retta a.

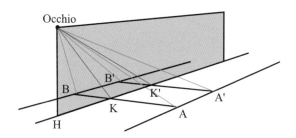

- Perciò quando il segmento AB si allontana, l'altezza OH va in OK, OK'…, rimanendo sempre, per quanto appena visto, perpendicolare ad AB, A'B'…,

Nell'allontanarsi il triangolo rettangolo OKA, d'altra parte, mantiene uguale la base ma aumentano il cateto OK' e l'ipotenusa OA' e diminuisce così l'angolo in O.

- Lo stesso si può dire dell'angolo OKB, quindi in totale l'angolo visivo diminuisce man mano che A si allontana dall'occhio.

La seconda parte della tesi si dimostra riportandosi al caso precedente:

- Se infatti ruotiamo attorno al segmento AB il triangolo AOB fino a portare il punto O nel punto O' sul piano β, abbiamo che l'angolo AOB = AO'B < AHB. Ora, se scegliamo AB in modo che AHB dia minore di ε, avremmo che anche AOB sarà minore di ε.

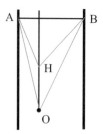

L'estensione di questa dimostrazione al caso in cui H non cada nella striscia compresa tra a e b non è difficile ma, come nel caso piano, per particolari posizioni di O rispetto ai due segmenti, può accadere che l'angolo visivo decresca solo a partire da una certa distanza dall'occhio. Una trattazione dettagliata anche di questo caso si trova nella **scheda didattica al Teorema 6.**

C. V. D

Possiamo quindi concludere affermando, con Euclide, che segmenti paralleli vengono visti convergenti se l'occhio è abbastanza lontano.

Questo risultato, come dimostriamo nella **scheda didattica al Teorema 6,** si estende facilmente anche al caso in cui i segmenti paralleli tra loro siano più di due. Possiamo renderci conto di questo fatto pensando, ad esempio, a tre segmenti paralleli su un piano orizzontale. L'unicità del punto di convergenza deriva anche dal VI postulato dell'*Ottica*: se il segmento b è compreso tra a e c, i raggi visivi che la colgono sono a destra di quelli che colgono a e a sinistra di quelli che colgono b, con la conseguenza che b sarà visto sempre interno alla striscia ac, comunque siano prolungati. Se il punto di convergenza apparente tra a e b fosse diverso da quello tra a e c, per esempio, b si vedrebbe a un certo momento esterno alla striscia ac, contraddicendo il postulato.

Il fatto che due o più segmenti paralleli, come vedremo meglio più avanti, si vedano convergere, implica che anche nella loro rappresentazione pittorica debbano vedersi convergere. Se la pittura è su un piano i prolungamenti dei segmenti devono passare tutti per uno stesso punto, punto a cui è stato dato il nome di **punto di fuga.** L'esistenza di varie pitture murali di epoca greco romana dove questa regola è rispettata, testimonia il fatto che, se pur essa non era esplicitamente menzionata nell'*Ottica* euclidea, pure doveva essere nota ai pittori. L'argomento geometrico di Euclide basato sullo studio della variazione dell'angolo visivo relativo ai segmenti di distanza, permette di esplicitare, nell'ambito della geometria della visione, questa importante regola di disegno.

3.3 I teoremi 10 e 11 dell'*Ottica*

Nella trattazione della geometria della visione diretta, la convergenza dei segmenti paralleli ha una sua evidenza sperimentale, che si manifesta in ogni occasione nella quale grandezze parallele si prolunghino abbastanza davanti all'occhio, qualunque sia la loro direzione.

I raggi visivi sono gli strumenti che permettono la visione, nell'*Ottica*, ed è interessante analizzare questa situazione in funzione dei raggi stessi.

L'analisi che ci accingiamo a fare è resa difficile dal fatto che si svolge nello spazio tridimensionale, ambito complesso da rappresentare, che renderemo "visitabile" dandone riferimenti precisi. Vogliamo definire, seguendo il pensiero euclideo, un sistema di riferimento intimamente connesso con l'occhio dell'osservatore e quindi con la figura umana: l'alto e il basso corrispondono alla posizione eretta e la destra e la sinistra alle nostre braccia alzate orizzontalmente, come nell'uomo vitruviano di Leonardo.

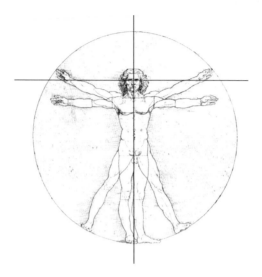

Consideriamo in primo luogo la direzione basso-alto, e un piano passante per l'occhio e perpendicolare a questa direzione: sarà questo un particolare piano orizzontale che chiameremo **piano dell'orizzonte**. Un piano orizzontale sarà allora un qualunque piano ad esso parallelo.

I raggi visivi uscenti dall'occhio formano, secondo il modello euclideo, un cono. L'**asse** di questo cono, che giace sul piano dell'orizzonte, coincide con un raggio visivo che chiameremo **raggio principale**[9] o raggio centrico e che indirizza lo sguardo verso un "punto di fissazione".

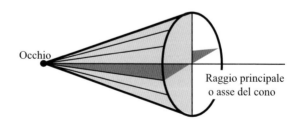

[9] Alberti lo chiama "razzo principe, il più gagliardissimo et….ecc". La sua intersezione col piano del quadro, quando questo sia perpendicolare a questa retta, dà luogo a quello che Alberti chiamerà il punto centrico e che oggi si chiama il punto principale della prospettiva, cioè la proiezione ortogonale dell'occhio sul quadro.

Un altro riferimento importante per la trattazione dei teoremi euclidei sulla profondità è dato dal piano verticale contenente il raggio principale, che verrà chiamato **piano verticale di profondità** o, più semplicemente, **piano di profondità**. Il riferimento introdotto, che chiameremo **riferimento visivo**, è schematizzato nella figura seguente.

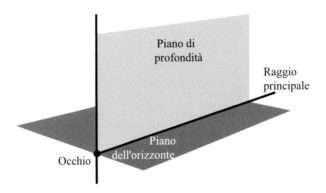

Il punto O, dove è posto l'occhio, è detto origine del riferimento visivo[10].

Ha senso, rispetto al riferimento visivo che abbiamo introdotto, confrontare due raggi visivi per stabilire se uno sia più alto di un altro o più a destra e di conseguenza valutare come la visone tratti la posizione dei punti di un oggetto che sia posto longitudinalmente davanti all'occhio. Per rendere la nostra trattazione il più semplice possibile consideriamo il caso in cui l'oggetto sia un segmento. Sarà possibile successivamente considerare oggetti più complicati come composti da parti assimilabili a segmenti alle quali possiamo applicare le nostre considerazioni.

Definizione – Dato un riferimento visivo, diciamo che un segmento AB è posto **longitudinalmente** davanti all'occhio se non è perpendicolare al raggio principale –

I teoremi 10, e 11 dell'*Ottica* di Euclide descrivono il modo in cui, sotto determinate ipotesi, è visto un segmento posto longitudinalmente, e come questo, andando in profondità, sembri spostarsi verso l'alto o verso il basso, o convergere a destra o a sinistra.

---

[10] Notiamo la differenza tra questo sistema di riferimento intimamente connesso all'osservatore, attraverso il quale esprimiamo il significato di destra e sinistra, alto e basso, con il riferimento cartesiano, più astratto e completamente svuotato di significati concreti, dove ogni posizione è equivalente a ogni altra e la scelta degli assi totalmente arbitraria.

Teorema 10 dell'*Ottica* – Tra i piani che giacciono sotto l'occhio quelli [più] lontani appaiono più in alto –

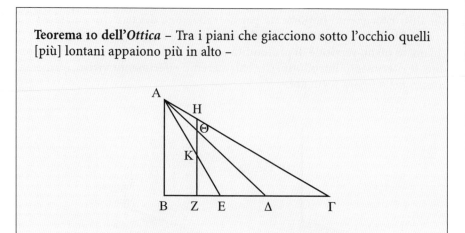

Teorema 11 dell'*Ottica* – Tra i piani che stanno sopra l'occhio i [più] lontani appaiono più in basso –

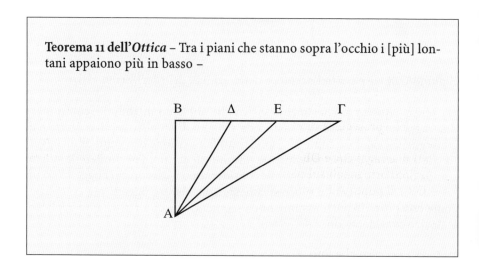

L'enunciato dei due teoremi lascia, come al solito, aperte varie possibilità di interpretazione legate alle ipotesi che si intenda assumere e al significato che si intenda dare alla proprietà di cui si discute. Considerando le figure che illustrano il teorema nell'*Ottica* e avendo in vista le particolari applicazioni alla rappresentazione prospettica, abbiamo scelto di interpretare i teoremi euclidei nel modo che ora illustriamo.

Per precisare la geometria di questi enunciati occorre innanzi tutto definire cosa significhi che un punto è visto più in alto o più in basso, più a destra o più a sinistra di un altro. Ciò è relativo a un sistema visivo che supponiamo, in tutto questo paragrafo, di aver fissato una volta per tutte.

Dato un punto A e il raggio visivo OA, l'altezza con la quale vediamo il punto A è definita dall'angolo a che la proiezione ortogonale OA' di OA sul piano verticale forma con il raggio principale.

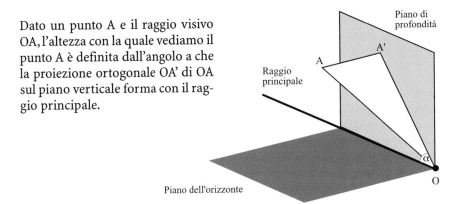

Raggio principale

Piano di profondità

Piano dell'orizzonte

Definizione del vedere "più alto" o "più basso" – Dati due raggi OA e OB **sopra il piano dell'orizzonte** siano OA' e OB' le loro proiezioni ortogonali sul piano di profondità. Il raggio OA è più alto del raggio OB e il punto A è visto più in alto del punto B, se l'angolo α che OA' forma con il raggio principale è più grande dell'angolo β che OB' forma con il raggio principale –

Secondo questa definizione tutti i punti della retta passante per A e perpendicolare al piano di profondità sono visti avere la stessa altezza perché tutti questi punti si proiettano nello stesso punto A'.

La situazione è analoga se i raggi stanno sotto il piano. In questo caso la definizione proseguirà dicendo:

– Dati due raggi OA e OB **sotto il piano dell'orizzonte** siano OA'e OB' le loro proiezioni ortogonali sul piano di profondità. Il raggio OA è più alto del raggio OB e il punto A è visto più in alto del punto B, se l'angolo α_ (in valore assoluto) che OA' forma con il raggio principale è più piccolo dell'angolo β_ che OB' forma con il raggio principale –

Mentre nel caso che uno stia sopra e l'altro sotto si intenderà ovviamente che quello sopra si vede più alto di quello sotto[11].

---

[11] Si potrebbe introdurre un segno per l'angolo, positivo se va verso l'alto e negativo se va verso il basso in modo che la sua tangente trigonometrica sia dotata dello stesso segno coerentemente col coefficiente angolare di una retta che è positivo se la retta sale verso l'alto (rispetto alla direzione delle ascisse) e negativo in caso contrario. In questo contesto A è visto più in alto di B se l'angolo α è maggiore dell'angolo comunque siano disposti i punti A e B rispetto al piano dell'orizzonte. Abbiamo tuttavia preferito mantenere l'impostazione euclidea dove la locuzione compatta algebrica –α equivale alla locuzione più lunga ma più significativa di "α verso il basso". Questa scelta ci permette di essere più aderenti al testo e allo spirito euclideo e nello stesso tempo mantenere un legame più diretto con la rappresentazione visiva, ma ci obbliga a considerare ogni volta separatamente i vari casi.

In questo modo il confronto tra l'altezza di due raggi, comunque siano posti, si riduce al confronto tra le loro proiezioni sul piano di profondità e il raggio principale.

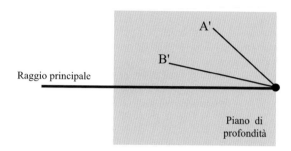

Nella figura un punto A che si proietta in A' è visto più alto di un punto B che si proietta in B'.

Abbiamo ora i presupposti per presentare una nostra semplice riformulazione dei teoremi 10 e 11 dell'*Ottica* di Euclide.

VIII. Teorema – Un qualunque segmento AB parallelo al piano dell'orizzonte e posto longitudinalmente davanti all'occhio se si trova sopra il piano dell'orizzonte è visto deviare verso il basso, se si trova sotto è visto deviare verso l'alto –

Svolgiamo la dimostrazione solo nel caso in cui il segmento AB si trovi sopra il piano dell'orizzonte. Il caso in cui si trova sotto è del tutto equivalente.

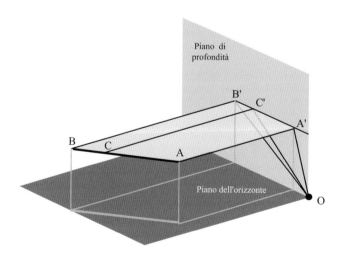

Ipotesi: AB è parallelo al piano dell'orizzonte, AB è posto sopra il piano dell'orizzonte, AB è posto longitudinalmente davanti all'occhio
Tesi: un punto C del segmento AB che si allontana dall'occhio è visto abbassarsi

Dimostrazione

- Dato cha AB è posto longitudinalmente rispetto all'occhio la sua proiezione ortogonale sul piano di profondità non può essere un punto. Sarà dunque un segmento A'B'.

- Dato che il segmento AB è parallelo al piano dell'orizzonte anche la sua proiezione, il segmento A'B' sarà parallela a tale piano e quindi sarà parallela al raggio principale.

- Sul piano di profondità la situazione si presenta esattamente come nella figura dell'*Ottica* di Euclide.

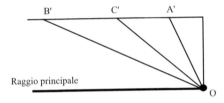

- L'angolo che forma C'O con il raggio principale diventa sempre più piccolo man mano che C si avvicina a B per il Teorema del punto interno (paragrafo 1.5). Ciò significa, per la definizione del "vedere più basso" che il punto C è visto abbassarsi.

C. V. D.

Osserviamo che, se il segmento AB considerato nel Teorema 10 è sostituito da un rettangolo, da una striscia di piano o da altra forma geometrica che sia parallela al piano dell'orizzonte e che si estenda longitudinalmente, essa sarà vista salire se si trova sotto il piano, scendere se si trova sopra, proprio perché questo è il comportamento di tutte le sue parti.

Questo teorema è bene illustrato se guardiamo una pavimentazione orizzontale a mattonelle: le mattonelle più lontane vengono viste più in alto. Anche il caso in cui l'oggetto visto stia sopra il piano dell'orizzonte è molto frequente nell'esperienza quotidiana. Ad esempio quando guardiamo una fila di finestre alla stessa altezza o un soffitto (orizzontale) a cassettoni: i riquadri più lontani sembrano essere più in basso. Osserviamo anche che, se immaginiamo di prolungare il segmento AB (posto ad esempio sopra il piano dell'orizzonte), allontanando progressivamente B dall'occhio, esso ci apparirà scendere progressivamente avvicinandosi all'orizzonte senza mai toccarlo.

Anche in questo caso, come per il teorema della convergenza dei segmenti paralleli, tutto ciò può essere facilmente formalizzato usando il linguaggio dei limiti.

I tre teoremi che abbiamo discusso in questo paragrafo, conformi all'esperienza visiva quotidiana, ci dicono come la visione cambi la direzione dei segmenti a seconda della posizione dell'occhio e della direzione dello sguardo, ma sembra non dicano nulla su come la vista renda più piccoli gli oggetti man mano che questi si allontanano longitudinalmente dall'occhio. Questo problema sarà completamente risolto dai pittori rinascimentali che, come vedremo nei prossimi paragrafi, usando la teoria della proporzioni e le leggi della similitudine, riuscirono a mettere a punto delle tecniche di disegno prospettico coerenti e ben fondate anche sul piano geometrico. La strada che sarà poi seguita da Alberti e da Piero della Francesca, i primi a scrivere sulla prospettiva, era forse suggerita nello stesso testo euclideo. La figura che illustra il Teorema 10 dell'*Ottica* contiene la linea verticale KC' non essenziale, come abbiamo visto, alla sua dimostrazione, e che non è presente nel successivo e analogo Teorema 11, ma che può essere facilmente interpretata come la linea dove è posto il quadro. Questa figura, non sappiamo se originale o corrotta, suggerisce comunque la via per il calcolo del degradare delle profondità e non è un caso che, assieme al Teorema 11, siano questi i soli risultati dell'*Ottica* citati da Piero della Francesca nel suo *De prospectiva pingendi*.

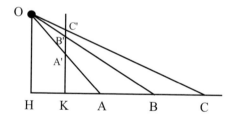

Il "degradare delle profondità" nella rappresentazione in un dipinto come dirà Piero della Francesca, cioè quanto i segmenti vengono a diminuire man mano che si allontanano longitudinalmente dall'occhio, può essere calcolato attraverso le proiezioni sul piano del quadro dei punti A,B,C nei punti A',B',C'. Usando la similitudine tra i triangoli OHA e A'KA, OHB e B'KB, OHC e C'KC è possibile esprimere le grandezze "degradate" KA', KB', KC' in funzione della distanza HK del quadro dall'occhio e delle profondità HA, HB, HC.

3.4 Il teorema 12 dell'*Ottica*

Il Teorema 12 dell'*Ottica* è molto simile ai Teoremi 10 e 11. La sola differenza consiste nel fatto di studiare la visione di oggetti che allontanandosi longitudinalmente dall'occhio paiono deviare verso destra o verso sinistra.

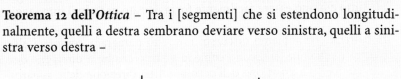

Teorema 12 dell'*Ottica* – Tra i [segmenti] che si estendono longitudinalmente, quelli a destra sembrano deviare verso sinistra, quelli a sinistra verso destra –

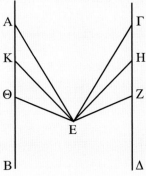

Anche in questo caso occorre definire cosa debba intendersi per "deviare verso sinistra" cioè quando un raggio visivo vada considerato più a sinistra o più a destra di un altro.

Dato un punto A e il raggio visivo OA, la sua "lontananza" a destra o a sinistra dal piano di profondità è definita dall'angolo α che la proiezione ortogonale OA' di OA sul piano dell'orizzonte forma con il raggio principale.

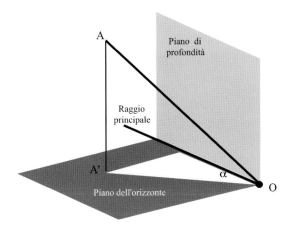

In questo caso i punti sulle rette verticali sono posizionati nella stessa maniera rispetto alla destra o alla sinistra. Precisamente diamo la seguente definizione.

Definizione del vedere "più a destra" o "più a sinistra" – Dati due raggi OA e OB a sinistra del piano di profondità siano OA' e OB' le loro proiezioni ortogonali sul piano dell'orizzonte. Il raggio OA è più a sinistra del raggio OB e **il punto A è visto più a sinistra del punto B**, se l'angolo α che OA' forma con il raggio principale è più grande dell'angolo β che OB' forma con il raggio principale. Analogamente per la destra –

Possiamo ora riformulare il Teorema 12 dell'*Ottica*.

IX. Teorema – Un qualunque segmento AB parallelo al piano di profondità e posto longitudinalmente davanti all'occhio, se si trova a sinistra del piano di profondità è visto deviare verso destra, se si trova a destra è visto deviare verso sinistra –

La dimostrazione di questo teorema è del tutto simile alla precedente e per questo ne riportiamo solo le ipotesi, la tesi e la figura che ne illustra il significato.

Ipotesi: AB è parallelo al piano di profondità, AB è posto a sinistra il piano di profondità, AB è posto longitudinalmente davanti all'occhio
Tesi: un punto C del segmento AB che si allontana dall'occhio è visto deviare verso destra

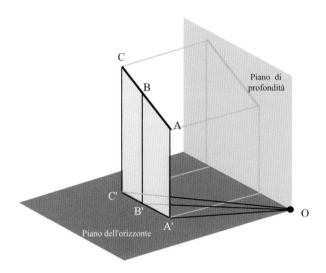

Osserviamo che, se immaginiamo di prolungare il segmento AB (posto ad esempio a sinistra del piano di profondità), allontanando progressivamente B dall'occhio, esso ci apparirà deviare progressivamente verso destra avvicinandosi sempre più al piano di profondità senza mai toccarlo. Anche in questo caso, come nei casi precedenti, tutto ciò può essere formalizzato usando il linguaggio dei limiti.

Osserviamo infine che i punti di un segmento parallelo al piano di profondità e verticale non deviano né a destra né a sinistra, infatti questi punti si proiettano sul piano dell'orizzonte in uno stesso punto. Lo stesso accade per i punti di un segmento orizzontale perpendicolare al piano di profondità: esso sarà visto come un segmento orizzontale senza alcuna deviazione né verso l'alto né verso il basso. Possiamo quindi concludere dicendo che i segmenti di profondità vengono visti deviare secondo regole precise mentre gli altri, quelli che si trovano su piani perpendicolari all'asse del cono visivo, non hanno la stessa caratteristica.

3.5 La visione di un quadro

Le leggi della geometria della visione che abbiamo discusso in questi paragrafi ed in particolare i Teoremi VII, VIII, IX ci aiutano a realizzare in forme diverse e su diversi supporti opere che diano, guardandole, l'illusione di una realtà che è solo rappresentata. Opere di questo tipo sono le scenografie teatrali, i bassorilievi, le pitture e gli affreschi. Il problema in tutti i casi è come rappresentare il rilievo di una scena che si estende spesso fino all'orizzonte avendo a disposizione pochissima profondità: pochi metri nel caso della scenografia, pochi centimetri per i bassorilievi e addirittura una superficie piatta nel caso di affreschi e dipinti. In questa sede ci occuperemo solo delle applicazioni della geometria della visione a quest'ultimo caso pur essendo molto interessanti anche opere significative di natura diversa come il colonnato di Borromini a Roma o il bassorilievo di Donato di Nicolò di Betto detto Bardi realizzato intorno al 1450 oggi nella Basilica di S. Antonio a Padova, proposto nell'immagine seguente.

La visione di un quadro presenta particolari caratteristiche rispetto ai teoremi generali sulla visione che ora presentiamo. Il piano dell'orizzonte incontra il piano del quadro lungo una retta orizzontale detta **orizzonte**, il piano verticale di profondità lo incontra in una retta verticale e le due rette, sul quadro, si incontrano in un punto il **punto principale** o **punto centrico**, come dirà

Alberti, verso il quale è diretto lo sguardo di chi guarda il quadro. In questa situazione la posizione dei raggi visivi rispetto al riferimento visivo è determinata in modo semplice e concreto: un raggio visivo sarà più in alto o più in basso di un altro se il punto in cui interseca il quadro è più in alto o più in basso. Analogamente avverrà per i raggi a destra e a sinistra. La linea dell'orizzonte separa dunque l'alto dal basso e la linea verticale la destra dalla sinistra. Nei seguenti disegni abbiamo segnato l'orizzonte, la linea verticale e il punto principale.

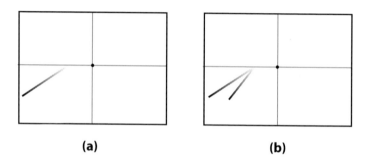

(a)   **(b)**

Guardando il caso (a), con l'avvertenza di fissare il punto principale, i raggi visivi che toccano i punti del segmento in neretto sono sotto il piano dell'orizzonte e vi si avvicinano progressivamente. Lo stesso comportamento hanno, per il Teorema 8, i raggi visivi con i quali guardiamo un segmento parallelo al piano orizzontale posto longitudinalmente rispetto all'occhio.

Guardiamo ora il caso (b). I raggi visivi che toccano i due segmenti in neretto si dispongono, per il Teorema 7, nello stesso modo dei raggi visivi coi quali si vedono due segmenti paralleli orizzontali che si allontanano longitudinalmente.

Il caso (a) del disegno seguente

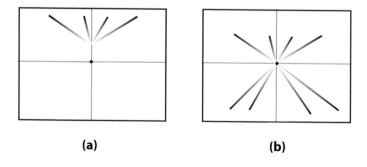

(a)   **(b)**

costringe i raggi visivi in una struttura uguale a quelle che si avrebbe di fronte a 4 segmenti paralleli al piano di profondità, di cui due alla sua sinistra e due alla sua destra, paralleli tra loro che si allontanano longitudinalmente. Per il Teorema VII, infatti, i segmenti, essendo paralleli, convergono a uno stesso punto, mentre per il teorema IX si avvicinano progressivamente alla linea verticale senza mai attraversarla e quindi il punto di convergenza deve trovarsi su tale linea.

Nello stesso modo, caso (b), tutti i segmenti paralleli al raggio principale, cioè tutti i segmenti di profondità, vengono visti convergere verso il punto principale (Teorema VII).

Nell'immagine seguente

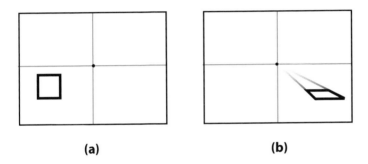

(a)   **(b)**

la visione del caso (a) presenta una disposizione di raggi visivi uguale a quella che deriverebbe dal guardare un quadrato posto sotto il piano dell'orizzonte su un piano perpendicolare al raggio principale coi lati verticali ed orizzontali. In questo caso infatti i suoi lati verticali non deviano né verso destra né verso sinistra dato che non si estendono longitudinalmente dall'occhio e lo stesso può dirsi per i lati orizzontali: anch'essi non deviano né verso il basso né verso l'alto restando, come nel disegno, orizzontali. Guardando invece la figura di destra (b) abbiamo una distribuzione dei raggi visivi uguale a quella che si avrebbe guardando un quadrato posto su un piano orizzontale sotto il piano dell'orizzonte a destra del piano di profondità con due lati perpendicolari al raggio principale e due lati paralleli a quell'asse.

È molto utile, sul piano didattico, esercitarsi su analoghi problemi, per rinforzare la comprensione di questi teoremi dell'ottica: a partire da un disegno si chiede di descrivere la struttura dei raggi visivi e trovare un oggetto tridimensionale che gli corrisponda o, viceversa a partire da una situazione tridimensionale si chiede di farne un disegno che conservi la distribuzione e la struttura dei raggi visivi. Questi esercizi, che presentiamo alla fine del capitolo, si possono risolvere tenendo conto delle seguenti proprietà fondamentali della visione, che ora ricapitoliamo:

- Punti allineati si vedono allineati
- Segmenti paralleli si vedono convergenti
- Segmenti longitudinali paralleli al piano dell'orizzonte deviano in alto se sono sotto, in basso se sono sopra
- Segmenti longitudinali paralleli al piano di profondità deviano verso destra se sono a sinistra, a sinistra se sono a destra
- Segmenti perpendicolari al raggio principale orizzontali (o verticali) non deviano ma vengono visti orizzontali (o verticali)

In definitiva l'insieme di questi tre teoremi permette di realizzare delle rappresentazioni prospettiche piuttosto precise e pensiamo, vista la loro presenza, per lo meno implicita, nell'*Ottica* di Euclide, che fossero patrimonio dei pittori greci e romani dell'antichità. Resta ancora aperto il problema di vedere come realizzare con precisione la degradazione delle linee "trasverse", cioè delle linee orizzontali del piano di terra, cosa che, come abbiamo detto, è uno dei principali successi della prospettiva rinascimentale. Vedremo invece, nell'ultimo capitolo, come sia possibile degradare correttamente le linee di profondità con l'aiuto della sola geometria della visione e di questi semplici princìpi senza utilizzare i rapporti e le misure, ma solo configurazioni grafiche oggi chiamate di natura proiettiva.

Esercizi

1 – Quali di questi tre disegni può rappresentare correttamente con le leggi della visione una fila di tre colonne verticali uguali tra loro? Motivare le ragioni di esclusione.

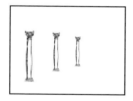 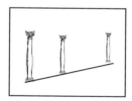 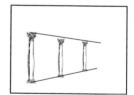

Soluzione

Le tre colonne nel primo disegno non si vedono allineate perché le tre basi non sono allineate. La colonna centrale appare più a destra delle altre due.

Nel secondo disegno le basi delle colonne sono allineate ma i capitelli no quindi esso è coerente con la visione di tre colonne allineate di altezze diverse.

Nel terzo disegno sono allineate sia le basi che i capitelli. Questo disegno è l'unico che può rappresentare correttamente tre colonne allineate e uguali tra loro.

2 – Commentare la distribuzione dei raggi visivi che avviene guardando i due disegni seguenti e trovare nei due casi una scena reale, se esiste, in cui si abbia la stessa distribuzione.

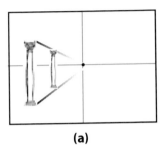

(a)

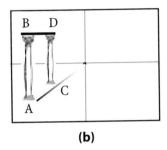

(b)

Soluzione

Il caso (a) presenta la stessa distribuzione che si avrebbe davanti a due colonne le cui basi sono poste su una linea longitudinale parallela al piano dell'orizzonte e parallela al raggio principale. La stessa cosa può dirsi sulla posizione dei capitelli. Da questo si può dedurre che le colonne sono alte uguali perché i segmenti che uniscono le basi sono paralleli a quelli che uniscono i capitelli.

Il caso (b) invece è incompatibile con una qualunque distribuzione di raggi visivi reale relativa a colonne verticali. Infatti le basi A e C delle colonne, come nel caso precedente, sarebbero disposte su una linea orizzontale parallela al raggio principale, perché il segmento AC converge verso il punto principale. D'altra parte il segmento BD è parallelo alla linea dell'orizzonte, non devia né verso il basso né verso l'alto e quindi dovrebbe essere perpendicolare al raggio principale. Risulta allora che la linea AC rappresenta una linea longitudinale mentre la linea BD una linea non longitudinale, il che non può corrispondere a una situazione reale se le colonne sono verticali. Un altro modo di vedere l'incongruenza del disegno con una situazione reale consiste nell'osservare che se le colonne sono uguali e parallele i segmenti AC e BD sono, nella realtà orizzontali e paralleli e quindi convergenti verso un punto dell'orizzonte. Nel disegno invece essi convergono verso un punto sopra l'orizzonte.

3 – Consideriamo un piano orizzontale posto sotto l'occhio e su quello due quadrati posti come nella figura dove abbiamo indicato con H la proiezione ortogonale dell'occhio O su quel piano.

Dire quali delle figure seguenti rappresentano coerentemente con i Teoremi VII, VIII, IX di questo testo, la visione dei due quadrati, motivando le risposte di esclusione.

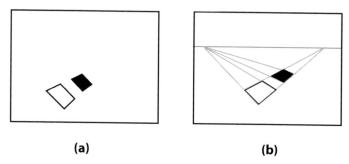

(a)   **(b)**

Analisi del caso (a)

La figura è coerente con il Teorema VII perché il quadrato nero, che è più lontano da H e quindi dall'occhio, si vede più in alto essendo su un piano sotto l'occhio e quindi va rappresentato più in alto in modo che anche guardando il quadro si veda più in alto.

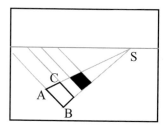

Tuttavia se guardiamo ai segmenti paralleli che formano i lati dei quadrati abbiamo due direzioni: una relativa al lato AB e un'altra relativa ad AC. I prolungamenti dei lati paralleli ad AC, allontanandosi dall'occhio, vengono visti (Teorema VIII) avvicinarsi al piano dell'orizzonte senza mai raggiungerlo. In più, per il Teorema VI vengono visti convergere tra loro, e lo stesso accade nel disegno. D'altra parte i lati paralleli ad AC, se prolungati, non convergono a un punto dell'orizzonte contraddicendo i Teoremi VII e VIII.

Analisi del caso (b)

Questa rappresentazione è coerente con i Teoremi VII e VIII tuttavia non è coerente con il Teorema IX. Infatti, guardando nella pianta la posizione del punto H, ci accorgiamo che i quadrati sono alla destra dell'occhio e quindi, stante il Teorema IX, vengono visti come se deviassero a sinistra mentre nella nostra figura deviano verso destra.

4 – Analizzare questo dipinto di Duccio da Buoninsegna (1309-1311) e l'affresco della Stanza delle Maschere, trovato a Roma nel 1961 e datato 38 a.C. da un punto di vista prospettico.

Soluzione

Nel quadro di Duccio, se prolunghiamo i segmenti che rappresentano la travatura del solaio e che presumibilmente rappresentano segmenti paralleli, si vedono incontrarsi in vari punti, non si vedono cioè convergere a uno stesso punto. La distribuzione dei raggi visivi che si ottiene guardando il quadro non coincide dunque con quella che si otterrebbe guardando quattro segmenti orizzontali paralleli tra loro posti sopra il piano orizzontale.

Se guardiamo invece la stanza delle maschere vediamo come tutti i segmenti paralleli al raggio principale siano disegnati convergenti al punto principale, coerentemente con i teoremi euclidei.

Altri esercizi di questo tipo si trovano nel CD nella **scheda didattica relativa al teorema 6 dell'*Ottica*.**

4 La prospettiva

La Prospettiva è oggi quella scienza che individua i metodi di rappresentazione piana di una figura spaziale, che riproduca la visione che ne ha un osservatore in una certa posizione. Essa si distingue quindi nettamente dall'Ottica, scienza che individua le leggi della visione diretta e che, partendo da una base assiomatica adeguata, le sviluppa in teoremi e ne deduce le conseguenze geometriche. Nel percorso storico da Euclide a Tolomeo e infine alle opere medioevali, l'Ottica è concepita inizialmente in modo squisitamente matematico e geometrico nella più pura tradizione ellenistica. Qualche secolo più tardi si allargherà ai fenomeni fisici e fisiologici della visione, riassunti ed enunciati da Tolomeo, con una impostazione non svincolata da aspetti empirici e metafisici che si ritrova anche nei trattati medioevali. In questo percorso il termine latino "perspectiva" è stato, per tutto il periodo classico e il Medioevo, del tutto equivalente al termine greco "ottica" nell'esprimere concetti e contenuti che venivano di norma divisi in tre sezioni: visione diretta (ottica), visione riflessa (catottrica), visione rifratta (diottrica) e che non avevano nessun riferimento esplicito a rappresentazioni grafiche.

Ma mentre nel Medioevo erano del tutto assenti trattati tecnici o teorici sul modo di rendere la realtà visiva di una scena attraverso il disegno, persi forse nel crollo scientifico dei secoli precedenti – e la produzione pittorica conferma la mancata conoscenza di una tecnica corretta – alcuni affreschi pompeiani e il ritrovamento recente della Stanza delle Maschere[1], con le pareti affrescate in prospettiva perfetta, si aggiungono ad altri indizi che insinuano il sospetto che questa scienza fosse invece conosciuta in tempi antichi. Troviamo in Vitruvio, ad esempio, a proposito della progettazione di un teatro, l'utilizzo di scenari con visioni prospettiche[2]:

Esistono tre tipi di scenari: tragico, comico, satirico. I loro soggetti sono diversi ed eterogenei: quelli tragici sono decorati con colonne, trabeazioni, statue ed altri ornamenti regali; quelli comici rappresentano case private, balconate, visioni prospettiche di finestre, sempre di case private; quelli satirici invece sono dipinti in forma di paesaggi agresti, con alberi, spelonche, monti ed altri aspetti della natura.

Ed ancora, parlando del disegno di opere architettoniche, ne distingue tre tipi[3]:

---

[1] Affresco scoperto nel 1961 sul Colle Palatino a Roma e datato 38 a.C.
[2] Vitruvio (età augustea), *"De Architectura"*, Libro V, VI,9.
[3] Vitruvio (età augustea), *"De Architectura"*, Libro I, II,2.

[…]icnografia (pianta), ortografia (alzato), scenografia (disegno prospettico). L'icnografia è il disegno in pianta delle forme architettoniche, che si ottiene mediante l'uso esperto del compasso e della riga. L'ortografia è la raffigurazione della visione frontale dell'alzato dell'opera progettata, disegnata secondo le proporzioni. La scenografia, infine, è lo schizzo prospettico della facciata e dei lati, le cui linee sembrano fuggire, convergendo tutte verso il centro del compasso.

Sembra dunque da queste testimonianze che all'epoca fossero note tecniche di rappresentazioni grafiche o pittoriche che seguivano le indicazioni teoriche dell'Ottica, anche indirette, quali ad esempio quella dell'esistenza di un punto di fuga, anche se non sono a noi pervenuti manuali tecnici o teorici di prospettiva scenografica. La mancanza di tali documenti rende controversa la questione. Panofsky[4], ad esempio, non sembra credere che Vitruvio indicasse con "il centro del compasso" il punto di fuga, affermando che il punto di fuga "che è semplicemente il punto di convergenza delle ortogonali, non può alludere a un circolo". Noi riteniamo invece ragionevole pensare, per esempio in un caso analogo a quello della Stanza delle Maschere, all'esigenza di disegnare sul muro un cerchio di distanza e segmenti che convergano al punto principale, usando come guida un "compasso" cioè una corda fissata nel muro in corrispondenza del punto di fuga.

Nel '400 il volgare comincia a essere usato come lingua scritta. In particolare Alberti scrive il suo *De Pictura* (vedi **scheda Storia del testo**) anche in lingua toscana e in questa lingua introduce il termine "intersegazione" o "intercisione", col quale indica la materia che riguarda la rappresentazione prospettica, distinguendola da quella della visione semplice[5].

Piero della Francesca, di poco successivo ad Alberti, usò il termine[6] "prospectiva" al posto di "intercisione" sottolineandone subito il suo essere strettamente legata alle leggi della proporzionalità[7]:

tractaremo de quella parte che con line angoli et proportioni se po dimostrare, dicendo de puncti, linee, superficie et de corpi.

---

[4] E. Panofsky, *"La prospettiva come forma simbolica",* Feltrinelli, 1961.

[5] *Qual cosa se così è quanto dissi, adunque chi mira una pittura vede certa intersegazione d'una pirramide. Sarà adunque pittura non altro che intersegazione della pirramide visiva, sicondo data distanza, posto il centro in una certa superficie con linee e colori artificiose rappresentata,* De Pictura I,12 e ancora: *Persino a qui dicemmo tutto quanto apartenga alla forza del vedere, e quanto s'apartenga alla intersegazione,* De Pictura I,19.

[6] *…intendo tracta[re] solo de la commensuratione, quale diciamo prospectiva, mescolandoci qualche parte de desegno perciò che senza non se po dimostrare in opera essa prospectiva,* Piero della Francesca, De Prospectiva Pingendi Libro I,Prologo.

[7] De Prospectiva Pingendi Libro I,Prologo.

Egli elenca cinque elementi necessari alla trattazione della prospettiva[8]:

la prima è il vedere, cioè l'ochio; seconda è la forma de la cosa veduta; la terza è la distantia da l'ochio a la cosa veduta; la quarta è le linee che se partano da l'estremità de la cosa e vanno a l'ochio; la quinta è il termine che è intra l'ochio e la cosa veduta dove se intende ponere le cose.

Possiamo notare come si parta dall'impianto dell'Ottica, che usa il modello del cono visivo sotteso dagli oggetti, per ampliarlo poi con l'aggiunta di un "termine" (superficie) su cui proiettare correttamente i contorni degli oggetti stessi mediante opportune misure derivanti dall'applicazione dei principi di proporzionalità.

Piero della Francesca evidenzia la differenza tra *corpi degradati o acresciuti nel termine*[9], cioè modificati nella proiezione pittorica, e le *cose vere vedute da l'occhio socto diversi angoli*, cioè la modificazione che subiscono, nella visione, le immagini degli oggetti, in funzione dell'angolo da cui si guardano. Sembra così dirci che la semplice visione diretta non è in grado di farci ben stimare come dimensionare le cose nel disegno, per cui occorre una nuova teoria, la prospettiva, che fornisce, tramite le proprietà della similitudine, la possibilità di introdurre la misura nella rappresentazione.

Anche in Leonardo da Vinci, che pure usa il termine "prospettiva", troviamo espresso questo concetto:

La prospectiva liniale s'astende nello offizio delle linee visuali a provare per misura quanto la cosa seconda è minore che la prima; e quanto la terza è minore che la seconda, e così di grado in grado insino al fine delle cose vedute: truovo per isperienza che la cosa seconda se sarà tanto distante dalla prima quanto la prima è distante dall'occhio tuo, che benchè infra loro sieno di pari grandezza, che la 2° fia altrettanto minore cha la prima [...][10].

---

[8] De Prospectiva Pingendi Libro I, Prologo.

[9] *Dico che la prospectiva sona nel nome suo commo dire cose vedute da lungi, rapresentate socto certi dati termini con proportione, secondo la quantità de le distantie loro, senza de la quale non se po alcuna cosa degradare giustamente. Et perchè la pictura non è se non dimostrationi de superficie et de corpi degradati o acresciuti nel termine, posti secondo che le cose vere vedute da l'occhio socto diversi angoli s'apresentano nel dicto termine, et però che d'onni quantità una parte è sempre a l'ochio più propinqua che l'altra, et la più propinqua s'apresenta sempre socto magiore angolo che la più remota nei termini assegnati, et non posendo giudicare da sè lo intellecto la loro mesura, cioè quanto sia la più propinqua et quanto sia la più remota, però dico essere necessaria la prospectiva, la quale discerne tucte le quantità proportionalmente commo vera scientia, dimostrando il degradare et acrescere de onni quantità per forza*

de linee, De Prospectiva Pingendi Libro III, Prologo.

[10] J.P. Richter, "*The noteboocks of Leonardo da Vinci*", Dover, vol I, 1970, p. 59.

Il "truovare per esperienza", l'usare cioè espedienti pratici quali lastre di vetro o prospettografi[11] su cui disegnare le cose guardate misurandovi direttamente il risultato, è sicuramente presente anche nelle mosse iniziali di Alberti e di Piero della Francesca. Questi metodi empirici hanno guidato le loro intuizioni, portandoli a importanti risultati teorici. Piero in particolare, scrivendo da matematico il suo trattato, metterà a punto, con grande modernità, un rigoroso metodo di trasformazione dei punti del piano di base nei punti della superficie pittorica. Oggi una trasformazione di tal genere, cioè una trasformazione proiettiva di un piano in sé che abbia una retta fissa punto per punto, viene chiamata, nel linguaggio tecnico della geometria proiettiva, omologia. Il tema, data la sua importanza, verrà trattato nei successivi capitoli di questo manuale.

Nel '400 dunque l'Ottica viene distinta dalla prospettiva in maniera netta e i lavori di Alberti e Piero della Francesca contribuiscono a creare questa differenza. I due termini alfine non sono più sinonimi: l'Ottica enuncia i principi secondo cui si vedono le grandezze reali, mentre la Prospettiva enuncia le leggi da seguire per disegnare grandezze che, guardate, siano viste nello stesso modo di quelle reali che rappresentano. Così, per esempio, come abbiamo visto nel Teorema VI, se consideriamo due grandezze AB e A'B' uguali e parallele, poste in successione con l'occhio O di modo che OB' = 2OB, l'Ottica predice che A'B' sarà visto maggiore di 1/2AB, perché l'angolo che sottende A'B' è maggiore della metà dell'angolo che sottende AB. La Prospettiva prescrive di disegnare sul quadro Q i due segmenti a'b' e ab uno metà dell'altro, in modo che, guardando il disegno, si abbia una visione coincidente con quella che si avrebbe guardando gli oggetti reali.

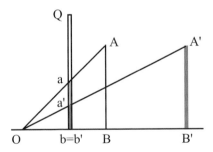

Troviamo ben esemplificata questa questione in un'osservazione di Leonardo, citata nella **scheda didattica del Teorema 4 dell'***Ottica***, nella quale si precisa come, diviso teoricamente un volto in tre parti uguali, la parte inferiore viene

---

[11] L'uso del prospettografo è discusso in due schede relative al *De Pictura* di Alberti: Vetri, finestre, reticoli e coordinate e Il prospettografo come strumento didattico.

vista dall'occhio posto frontalmente, in posizione centrale, come più piccola di quella di mezzo, perché sottende un angolo minore, ma, contemporaneamente, è evidente, per ragioni di proporzionalità, che le tre parti debbano essere disegnate sul piano del quadro uguali tra loro.

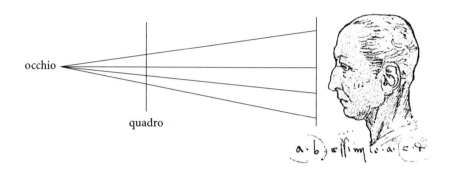

In altre parole, i teoremi dell'Ottica sono indicativi sul "come si vedono", ad esempio, due segmenti uguali e paralleli posti a determinate distanze dall'occhio, ma non contengono formulazioni esplicite che indichino la misura reale sul quadro della riproduzione dei segmenti, che possono essere usate per restituire l'illusione della realtà. Queste formulazioni formeranno il contenuto specifico della prospettiva rinascimentale.

4.1 L'intersegazione di Alberti e l'impianto della pittura

Leon Battista Alberti[12] è stato il primo umanista a divulgare, in un trattato dal titolo *De Pictura* le regole della rappresentazione prospettica, probabilmente già note nelle botteghe d'arte dei più grandi maestri dell'epoca. I dipinti che prendevano forma da una corretta costruzione prospettica descrivevano la realtà con una tale aderenza all'impressione visiva che all'epoca doveva apparire veramente straordinaria: "*dimostrazioni quali, fatte da noi, gli amici, veggendole e maravigliandosi, chiamavano miracoli*[13]" (*vedi anche la nota in fondo al capitolo, p. 86*). L'approccio con cui Alberti si accosta alla materia non vuole essere, dichiaratamente, matematico anche se l'autore afferma con calore[14]:

---

[12] Per una breve biografia e la storia del testo vedi le schede relative, indicate nell'Indice del De Pictura
[13] De Pictura I.19
[14] De Pictura III,53

Piacemi la sentenza di Panfilo, antiquo e nobilissimo pittore, dal quale i giovani nobili cominciarono ad imparare dipignere. Stimava niuno pittore potere bene dipignere se non sapea molta geometria. I nostri dirozzamenti, dai quali si esprieme tutta la perfetta, assoluta arte di dipignere, saranno intesi facile dal geometra. Ma chi sia ignorante in geometria, né intenderà quelle né alcuna altra ragione di dipignere. Pertanto affermo sia necessario al pittore imprendere geometria.

Egli quindi si rivolge ai pittori e traccia le linee generali, artistiche, matematiche e morali di questa disciplina con regole molto semplici e concrete[15] e tuttavia geometricamente corrette, senza giustificarle a fondo.

Nella sua opera vengono affrontati in particolare le difficoltà che sorgono quando si vogliano rappresentare in modo corretto le linee orizzontali parallele al quadro che giacciono sul piano di base, dette linee "trasverse", e l'altezza delle linee verticali, o "alzate".

Nel trattare l' "intersegazione" Alberti affronta anche questi due problemi fondamentali, fino ad allora, per lo meno ufficialmente, irrisolti: la rappresentazione prospettica del degradare delle linee trasverse e la rappresentazione dell'altezza di grandezze parallele al piano del quadro.

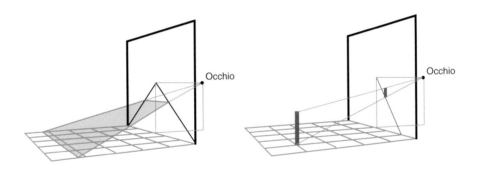

La prima questione, matematicamente non ovvia, è affrontata dall'autore solo sul piano pratico, con la descrizione di un suo "modo ottimo" di esecuzione. Per la seconda questione, più facile da affrontare dal punto di vista matematico[16], Alberti riesce con semplicità a giustificare un metodo prospetticamente corretto.

---

[15] Il carattere pratico e semplice del trattato ha recentemente permesso agli studenti dell'Istituto Statale d'Arte di Pisa di realizzare tavole prospettiche seguendone agevolmente i metodi illustrati.

[16] *Ma sia persuaso che niuna quantità equidistante dalla intercesione potere nella pittura fare alcuna alterazione: imperò che esse sono in ogni equidistante intersegazione pari alle sue proporzionali[...] E così resta manifesto che ogni intersegazione della pirramide visiva, qual sia alla veduta superficie equidistante, sarà a quella guardata superficie proporzionale,* De Pictura I,15

Nelle botteghe d'arte per lo più erano in uso accorgimenti poco precisi, a cui Alberti accenna, che si basavano però su una buona idea iniziale: sulla costruzione di un riferimento a scacchiera che desse le "coordinate" per la collocazione degli oggetti sul dipinto. La scacchiera era creata pensando il piano di base come un pavimento a piastrelle quadrate, da riprodurre sul piano del quadro. Le piastrelle venivano definite da due sistemi di rette: le **linee di profondità** perpendicolari al quadro e le **linee trasverse** perpendicolari a quelle e quindi parallele al quadro. Un oggetto che nella realtà poggiava sulla terza mattonella della prima fila, ad esempio, doveva poi essere dipinto situato in corrispondenza della rappresentazione della stessa mattonella sul quadro. Malgrado l'idea fosse buona, tuttavia la costruzione approssimativa delle misure del riferimento di base e delle altezze degli oggetti disegnati toglieva però ai dipinti realismo e armonia e non dava risultati completamente soddisfacenti.

Nell'*Annunciazione* riprodotta sopra, dipinta dal Lorenzetti nel 1344, ad esempio, il pittore realizza il pavimento con linee di profondità che concorrono correttamente al punto principale, mentre le linee trasverse sono poste secondo un metodo empirico, prospetticamente scorretto.

Alberti, rivolgendosi ai pittori, entra decisamente nel cuore della questione, indicando le costruzioni corrette e consigliando il pittore di preparare la sua pittura secondo procedure che descrive in modo accurato.
Eccone una sintesi:

Rappresentazione delle linee di profondità

- Stabilita la grandezza del quadro si scelga innanzitutto l'altezza h del disegno di un uomo in primo piano.
- Stimando l'altezza reale di un uomo in circa tre braccia, si divida la misura scelta per il dipinto in tre parti uguali, trovando in tal modo il corrispondente, in scala, di un braccio.

- Si fissi il "punto centrico"[17], o punto di fuga principale, a una distanza dalla base del quadro pari all'altezza h scelta, e si suddivida la base in tante parti lunghe 1/3 h.
- Si uniscano poi gli estremi di questa suddivisione con il punto centrico, ottenendo così la rappresentazione delle linee di profondità del piano di terra, perpendicolari al piano del quadro.

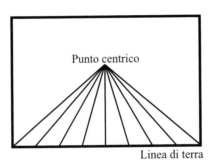

- Punto centrico
- Linea di terra

Rappresentazione delle linee trasverse col "modo ottimo"

- Si scelga come si vuole uno spazio ausiliario, anche piccolo, su cui tracciare una linea orizzontale allineata alla linea di base, divisa in parti uguali piccole a piacere, che danno luogo a una nuova scala con cui misurare le distanze.
- Sopra una delle sue estremità, alla stessa altezza del punto centrico si collochi un punto A.
- Da questo punto A si traccino le congiungenti alle partizioni della linea sottostante, e quindi, stabilita nella scala precedente una distanza AD corrispondente a quella tra l'occhio e la pittura, si tracci una perpendicolare alla linea orizzontale.
- Le intersezioni della verticale con le congiungenti daranno la "successione di tutte le trasverse linee".

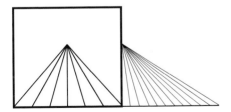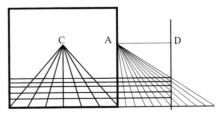

Nella scheda **Gli albori della geometria proiettiva** §4, abbiamo riprodotto questa costruzione con una animazione "passo, passo".

Rappresentazione della linea centrica e delle alzate

Diamo in questo caso la procedura su un esempio significativo. Supponiamo di voler stabilire l'altezza di un segmento che nella realtà è alto sei braccia, posto sul pavimento in un punto a cui corrisponde, sulla pittura, il punto A.

- Si tracci la "linea centrica", cioè la linea dell'orizzonte.
- Si alzi da A un segmento verticale che incontri la linea centrica in B.
- L'altezza h del segmento AB sul quadro rappresenta in prospettiva tre braccia. Per avere nel disegno la misura dell' "alzata" totale basta moltiplicare l'altezza h per due, ottenendo il segmento AE, alto, in scala, sei braccia.

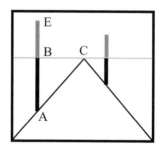

4.2 L'impianto matematico

Nel *De Pictura* si trovano solo i principi e le linee generali della geometria che ne sta alla base, ma il suo impianto matematico, che si appoggia al modello teorico dell'Ottica[18], è facilmente ricostruibile. Esso prende le mosse dal cono visivo, dai raggi visivi e dai teoremi della visione, introducendovi un nuovo, essenziale, elemento: l'intersezione del cono col piano del quadro, e getta così i presupposti per le nuove teorie prospettiche. Il modello geometrico euclideo si confà perfettamente allo scopo: raggi rettilinei e immateriali generano una "piramide visiva" che ha il vertice nell'occhio e la base sulla cosa vista, un piano (quello che conterrà il quadro) taglia questa piramide visiva e il contorno, che in questo modo viene determinato, è la rappresentazione prospettica, su quel piano e da quel punto di vista, dell'oggetto osservato.

---

[18] Sembra, leggendo il trattato di Alberti, che l'*Ottica* a cui si riferisce sia prevalentemente l'opera di Tolomeo, che per la parte geometrica trattata nel *De Pictura*, non differisce sostanzialmente da quella di Euclide.

Ricordiamo il riferimento visivo introdotto nel Capitolo 3, costituito da un piano dell'orizzonte passante per l'occhio dell'osservatore, da un piano verticale longitudinale e dal raggio principale, intersezione dei due piani.

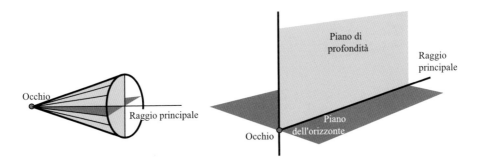

Il piano del quadro è posto a una certa distanza dall'occhio, perpendicolarmente all'asse del cono visivo, che lo coglie in un punto che, come abbiamo detto, Alberti chiama **punto centrico**. Chiama inoltre **linea centrica** la linea in cui il piano dell'orizzonte interseca il quadro.

La prospettiva di Alberti si serve di un ulteriore piano di riferimento, il **piano di terra** che interseca il piano del quadro in una linea detta **linea di terra**. È sul piano di terra che si trova l'osservatore, alto convenzionalmente tre braccia.

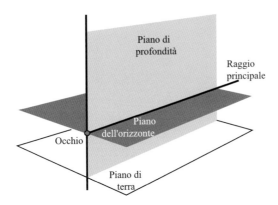

Vediamo ora come si giustifica la costruzione di Alberti sul piano geometrico.

La convergenza delle linee di profondità

La dimostrazione che le linee di profondità sul piano di terra si devono disegnare convergenti al punto centrico si può ottenere senza usare il Teorema VII della visione diretta che abbiamo visto nel capitolo precedente, ma riferendosi direttamente alla proiezione e all'intersezione sul piano del quadro.

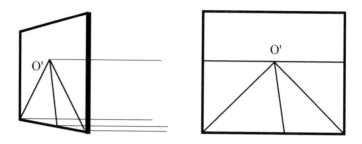

Infatti i piani passanti per l'occhio e per una qualunque linea di profondità, passano tutti per il raggio principale e quindi intersecano il piano del quadro in una linea che passa per il punto centrico. Nella scheda **Gli albori della geometria proiettiva**, $3 e $4 si trovano delle animazioni interattive che permettono di ruotare la scena per vederla da diversi punti di vista e che aiutano a sviluppare un'intuizione spaziale favorendo la capacità di manipolare immagini mentali tridimensionali anche complesse.

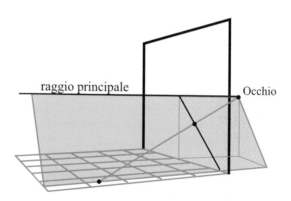

Di tutto questo non troviamo in Alberti nessuna forte giustificazione matematica, che è invece presente quando occorre introdurre la misura nel disegno, usando i teoremi sulle proporzioni. Il fatto che la forma (e quindi i rapporti tra le varie parti della figura) sia la stessa per figure ottenute tagliando una medesima piramide con piani paralleli era un punto ben solido nella cultura geometrica rinascimentale. È questo il solo teorema che Alberti[19] ritiene di dover citare nel suo trattato.

---

[19] *E se qui bene sono inteso, istatuirò coi matematici quanto a noi s'apertenga, che ogni intercisione di qual sia, pure che sia equidistante dalla base, fa nuovo triangolo proporzionale a quello maggiore*, De Pictura I,14.

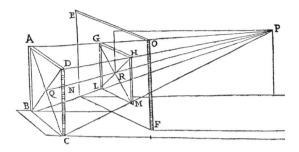

Applichiamo questo teorema "per isperienza", come dice Leonardo, nella pratica pittorica quando traguardiamo le dimensioni di un edificio o di una torre sul pennello che teniamo verticale in modo che sia parallelo all'edificio. Queste dimensioni dono riportate proporzionalmente sul dipinto. Per il pittore questo comporta che tutto ciò che è parallelo alla superficie del quadro non subirà variazioni nella forma ma solo nelle misure, che vanno rappresentate con le stesse proporzioni che hanno nella realtà. Nel prossimo capitolo svilupperemo in modo approfondito la teoria della forma da un punto di vista matematico per inquadrare in una cornice scientifica queste intuizioni empiriche in modo da trarne tutte le implicazioni più o meno implicite.

Le linee trasverse e il "modo ottimo"

La parte comunque più interessante delle costruzioni di Alberti riguarda il modo da lui suggerito per disegnare le "quantità trasverse" cioè le linee parallele alla linea di terra che si allontanano progressivamente dall'occhio.

Una strada per risolvere questo problema senza usare la scorciatoia indicata da Alberti sarebbe la seguente: poiché il piano da proiettare sul quadro è perpendicolare al piano del quadro stesso, per realizzare una costruzione corretta si dovrebbe disegnare, con le stesse proporzioni, lo schema della proiezione per poi riportare sul piano del dipinto i valori trovati, esattamente come è suggerito nella figura del Teorema 10 dell'*Ottica* euclidea.

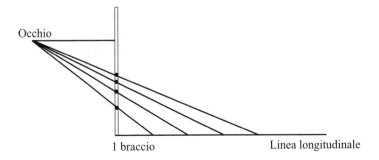

Una volta riportati i valori, ad esempio sul bordo del quadro, le linee "trasverse" vengono tracciate parallelamente alla linea di terra[20].

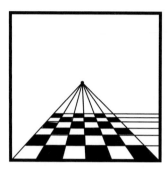

In questo modo si realizza correttamente lo scorcio della scacchiera sul pavimento.

Un impedimento, di carattere più pratico che teorico, nel seguire la procedura esposta sopra consiste nella difficoltà a realizzare la costruzione su un piano ausiliario per poi riportarla sul quadro nel caso in cui la distanza dell'occhio dal quadro sia molto grande (ad esempio 10, 20 braccia): in questo caso si dovrebbe fare il disegno in uno spazio 3 o 4 volte la grandezza del quadro cosa che, se il quadro è già grande come un affresco, riesce quanto mai scomodo.

Il "modo" suggerito da Alberti risulta invece molto agevole, in qualunque situazione[21]. Alberti infatti osserva che "stringendo" proporzionalmente le grandezze orizzontali ausiliarie senza alterare alcuna misura verticale, i punti di proiezione restano alla stessa distanza dalla linea di terra.

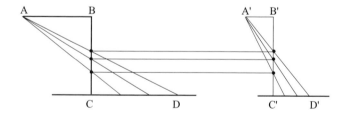

---

[20] È possibile dimostrare che le linee trasverse vanno disegnate parallele alla linea di terra usando i teoremi prospettici dell'*Ottica* di Euclide, come abbiamo visto nel precedente capitolo. Tuttavia possiamo dimostrare la stessa cosa usando l'"intersegazione". Una retta a parallela al piano del quadro si proietta in una retta a' complanare con a e ad essa parallela. Infatti a' si trova sul piano formato dai raggi visivi che si appoggiano ad a ed è dunque complanare con a, inoltre è ad essa parallela perché un eventuale punto nel quale intersechi a sarebbe un punto nel quale a interseca il piano del quadro contrariamente all'ipotesi che a è parallela al quadro.

[21] P. Roccasecca, Il "modo optimo" di Leon Battista Alberti, in "Studi di Storia dell'Arte", 4, 1993, p. 251 e fig. 6.

È questo un esempio di trasformazione affine, di un piano in un altro, nel quale si cambia la scala su un solo asse.

Anche se in questo caso la situazione è molto semplice, vogliamo dare a questa costruzione la veste del teorema per sottolinearne il rigore geometrico.

X. Teorema "del modo ottimo" – Dati i triangoli ABH, HCD con i lati AB e CD paralleli e i triangoli A'B'H' e H'C'D' con i lati A'B' e C'D' pure paralleli, allora, se il rapporto AB: A'B' = CD: C'D' e se BC = B'C', il punto H si trova, rispetto a C nella stessa posizione di H' rispetto a C', cioè CH = C'H' –

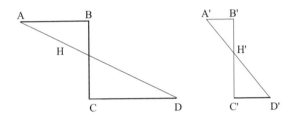

Ipotesi: AB//CD,A'B'//C'D'; AB: A'B' = CD: C'D'; BC = B'C'[22]
Tesi: CH = C'H'

Dimostrazione

- Poiché AB è parallelo a CD, i triangoli ABH e HCD hanno gli angoli uguali e quindi sono simili. Analogamente sono simili i triangoli A'B'H' e H'C'D'. Da questo segue che:
  AB: CD = BH: HC e anche A'B': C'D' = B'H': H'C'.
- Ma, per ipotesi AB: A'B' = CD: C'D' e quindi, permutando i medi, AB: CD = A'B': C'D'.
- Questa proporzione, confrontata con le precedenti, implica che BH: HC = B'H': H'C'.
- Tenendo conto che, per ipotesi, BC = B'C' abbiamo che BH = B'H' e CH = C'H' come la tesi richiede, poiché uno stesso segmento è diviso da un unico punto secondo un dato rapporto.

                                                    C. V. D.

Il teorema di Alberti permette di eseguire la costruzione ausiliaria anche in "uno picciolo spazio", ad esempio, come suggeriamo con animazioni interatti-

---

[22] Notiamo che nelle nostre ipotesi non si richiede che BC sia perpendicolare a CD né che BC e B'C' siano paralleli tra loro.

ve nella scheda del CD **Gli albori della geometria proiettiva §4**, su un bordo dell'immagine del dipinto.

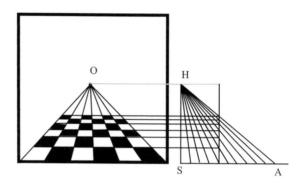

La costruzione è corretta da un punto di vista geometrico e permette di realizzare i "miracoli" di cui parlavamo sopra. Molte altre costruzioni empiriche, geometricamente scorrette, dovevano circolare nelle botteghe artigiane. Di esse viene dato un breve cenno nella scheda sugli **Albori della geometria proiettiva. §8.**

Le alzate

Le linee verticali andranno rappresentate ancora come linee verticali perché, come le linee trasverse, sono parallele al quadro e quindi proiettandosi si mantengono parallele tra loro, cioè verticali. A partire da questo fatto, giustificato per Alberti dai rapporti di similitudine che si instaurano tra sezioni parallele della piramide visiva, la rappresentazione sul piano del dipinto delle altezze non presenta particolari problemi: essa può realizzarsi usando la teoria dei rapporti e delle similitudini.

Come già detto, la distanza tra la linea di terra e il punto centrico rappresenta, nella scala del quadro, l'altezza dell'occhio che, nell'impostazione di Alberti, ricordiamo, è di tre braccia, cioè quanto è alto un uomo[23].

Individuato per mezzo delle "coordinate del pavimento" il punto in cui poggia la parete o l'altezza da rappresentare, si tiene conto che la misura da quel punto alla linea centrica, in proporzione alla posizione, rappresenta tre

---

[23] *Conosco l'altezza del parete in sé tenere questa proporzione, che quanto sia dal luogo onde essa nasce sul pavimento per sino alla centrica linea, con quella medesima in su crescere. Onde se vorrai questa quantità dal pavimento persino alla centrica linea essere l'altezza d'uno uomo, saranno adunque queste braccia tre. Tu adunque volendo il tuo parete essere braccia dodici, tre volte tanto andrai su in alto quanto sia dalla centrica linea persino a quel luogo del pavimento. Con queste ragioni cosi possiamo disegnare tutte le superficie quali abbiano angolo, De Pictura II,33.*

braccia, per cui, conoscendo la misura dell'altezza reale, si può determinare quella della sua rappresentazione. Se, ad esempio, come nella figura seguente, la base di una torre alta nove braccia cade nel punto B, ad esempio, la parte BC della torre corrisponde in proporzione a tre braccia e quindi si dovrà porre la cima della torre in A, in modo che AB = 3 BC.

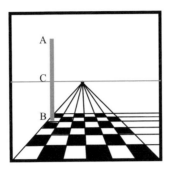

Da quanto appena detto consegue che i personaggi di altezza media (tre braccia), in piedi sul piano di terra, ovunque siano disposti, dovranno essere dipinti tutti con gli occhi sulla linea dell'orizzonte, essendo allineati col raggio centrico.

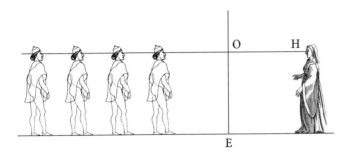

Se i personaggi fossero in fila e via via più lontani lungo una linea di profondità, dovremmo rappresentarli con gli occhi all'altezza della linea centrica e coi piedi su una linea convergente al punto centrico. Il seguente studio prospettico di Pisanello rappresenta bene questa situazione.

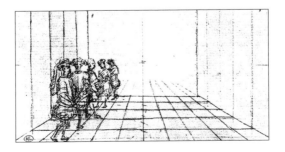

La geometria che giustifica il metodo delle alzate viene ritrovata nelle tecniche, molto diffuse nel Rinascimento, del misurare "col solo vedere". Si tratta di misurare, utilizzando la geometria dei raggi visivi e della similitudine, l'altezza di una torre, la profondità di un pozzo o la facciata di un edificio conoscendo le dimensioni di una sua parte. Nella stessa *Ottica* euclidea troviamo diversi teoremi dedicati a questo scopo: i Teoremi 18 19, 20 e 21. Anche Alberti in un volumetto dal titolo *Ludi matematici* aveva trattato, in modo leggero, queste ed altre applicazioni della geometria. Nel CD si trovano, all'interno delle **schede didattiche** relative ai teoremi menzionati, i testi dei problemi albertiani con illustrazioni che ne evidenziano le potenzialità pratiche. In particolare il teorema che riguarda direttamente il disegno prospettico delle alzate è quello numero 21: *sapere quanto è grande una lunghezza data*. Si tratta, ad esempio, di sapere quanto è alta una torre conoscendo l'altezza della sua porta.

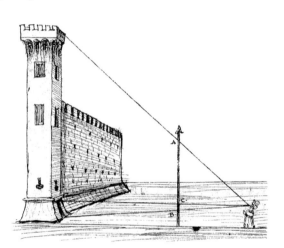

Si pianta un "dardo" verticale e si segnano sulla freccia, con l'aiuto di un assistente, i punti A, B, C che traguardano rispettivamente la cima, la base e la porta della torre. Uguagliando il rapporto AB su BC col rapporto tra l'altezza (incognita) della torre e l'altezza della sua porta (supposta nota, ad esempio tre braccia) si può calcolare con una semplice proporzione, l'altezza incognita.

Poiché il teorema che dimostra l'uguaglianza dei rapporti che abbiamo considerato più sopra non è esplicitamente presente negli *Elementi* di Euclide e nei manuali scolastici più diffusi ma vista la sua importanza nella prospettiva rinascimentale e nel metodo di Alberti per calcolare le "alzate" ne diamo enunciato e dimostrazione.

XI. Teorema del "dardo" – Dati due segmenti paralleli AB e A'B' supponiamo che le rette AA' e BB' si incontrino in O. Sia C un punto del primo segmento e C' un punto del secondo. In queste ipotesi, se la retta CC' passa per O, allora

$$AC: CB = A'C': C'B'.$$

Viceversa, se vale la proporzione precedente, le tre rette sono convergenti –

Caso diretto

Ipotesi: AB parallelo a A'B', la retta CC' passa per il punto O
Tesi: AC: CB = A'C': C'B'

Dimostrazione

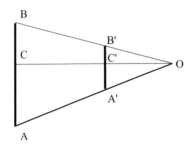

Poiché AC è parallelo a A'C' i triangoli ACO e A'C'O sono simili e quindi
AC: A'C' = CO: C'O.
Anche i triangoli BCO e B'C'O sono simili e quindi
CB: C'B' = CO: C'O.
Confrontando le due uguaglianze abbiamo AC: A'C' = CB: C'B'
e permutando i medi AC: CB = A'C': C'B'

C. V. D.

Caso inverso

Ipotesi: AB parallelo a A'B', AC: CB = A'C': C'B'
Tesi: la retta CC' passa per il punto O

Dimostrazione

Consideriamo la retta OC e sia P il punto in cui tale retta incontra la retta A'B'.

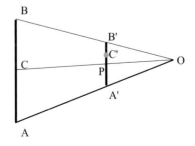

Basterà dimostrare che P coincide con C'. Possiamo intanto applicare la parte del teorema che abbiamo già dimostrato ai punti A', P, B' e otteniamo:

AC: CB = A'P: PB'

D'altra parte, per ipotesi, AC: CB = A'C': C'B'.

Confrontando le due uguaglianze abbiamo: A'P: PB'= A'C': C'B'.

Poiché esiste un unico punto che divide un segmento secondo un dato rapporto si ha che P = C'.

C. V. D.

Questo teorema permette di dare un'ulteriore giustificazione geometrica del metodo proposto da Alberti per disegnare le "alzate". In questo caso l'occhio è posto in O, il "dardo" è il profilo del quadro sul quale viene proiettata la verticale AB.

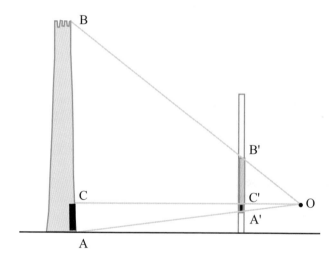

Ciò che si considera nota è la posizione della base A' della verticale sul quadro, l'altezza complessiva AB, la parte CA che corrisponde all'altezza dell'occhio sul piano di terra (che Alberti considera di tre braccia) e la lunghezza del segmento A'C' sul quadro ottenuto tracciando la verticale per A' ed intersecandola in C' con la linea dell'orizzonte. L'unica incognita resta l'altezza C'B' della proiezione sul quadro dell'alzata, che può essere calcolata, come abbiamo detto, con la proporzione precedente.

Proponiamo ora un esercizio pilota, articolato in più domande, per illustrare nei dettagli il metodo albertiano. Ogni domanda rappresenta una tipologia di esercizio che può essere proposta in situazioni analoghe. Una collezione di esercizi di questo tipo si trova nel CD nella scheda **Gli albori della geometria proiettiva, §4.**

Esercizio: Studio del seguente affresco di Masolino realizzato nel 1424

L'esercizio consiste nel verificare la struttura prospettica del dipinto e, nel caso essa sia geometricamente corretta, nel ricostruire la scena reale a partire dalla sua rappresentazione pittorica. L'affresco rappresenta la guarigione dello storpio e la resurrezione di Tabitha.

1 – Determinare il punto centrico, la linea dell'orizzonte e verificare se il quadro è stato realizzato seguendo l'impianto descritto da Alberti –

Soluzione

Dobbiamo verificare se le linee di profondità concorrono ad un punto. Abbiamo fatto questa verifica per alcune linee, che verosimilmente rappresentano linee di profondità, e la cosa è verificata.

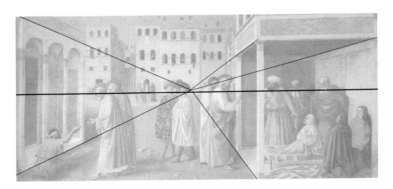

In questo modo possiamo individuare il punto centrico e la linea dell'orizzonte. Vediamo che gli occhi di tutti i personaggi in piedi sono allineati sulla linea dell'orizzonte. Questo corrisponde all'aver scelto, come suggerisce Alberti, l'altezza dell'occhio sul piano di terra corrispondente a 3 braccia.

2   –   Calcolare, usando il metodo per le alzate, l'altezza della nicchia sulla destra dove giace Tabitha –

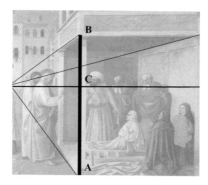

Soluzione

L'altezza AC corrisponde a 3 braccia e in proporzione AB è di circa 4 braccia e mezzo. La nicchia appare quindi con una pianta quadrata uguale a AD (dal momento che i due rettangoli rappresentati sui due muri interni paiono ragionevolmente uguali) e di altezza pari a circa 4 braccia e mezzo.

3   –   Verificare se le colonne sulla sinistra del quadro, supponendole alla stessa distanza, sono degradate in modo prospetticamente corretto –

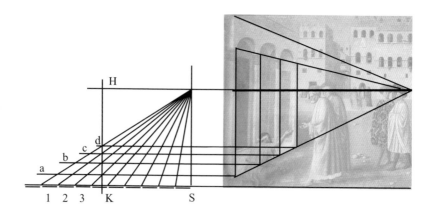

Soluzione

Le tacche rappresentano in una scala arbitraria la distanza tra due colonne consecutive, le linee orizzontali a,b,c,d sono le linee sulle quali poggiano le quattro colonne sul quadro. Se esse sono correttamente distanziate deve esistere un segmento verticale HK, che dobbiamo trovare, che interseca quattro linee oblique consecutive alle stesse altezze alle quali si trovano le orizzontali a,b,c,d. Infatti sarebbe in questo modo, che secondo la procedura di Alberti, si debbono degradare le linee trasverse. Spostando sul disegno la linea verticale HK troviamo una posizione, quella rappresentata nel disegno, che corrisponde a quanto detto. Da questo si può anche valutare la distanza dell'occhio dal quadro: essa è KS che è circa 5 volte e mezza la distanza tra due colonne.

4 – Analizzando la parte destra del quadro, supponendo che lo spazio dove giace la miracolata abbia, come abbiamo detto, una pianta quadrata di 4 braccia per lato, calcolare la distanza dell'osservatore dal quadro –

Soluzione

Le tacche rappresentano, in una data scala, la larghezza della nicchia. Dunque la tacche rappresentano 4 braccia. La linea trasversa b deve essere disegnata dove la verticale per H (che fissa la posizione dell'occhio) incontra la linea obliqua in un punto corrispondente a 4 braccia di profondità.

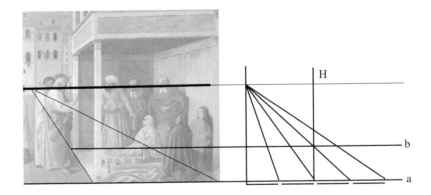

Come nel caso precedente, per verificare se la retta b è disegnata correttamente, spostiamo la verticale per H fino a trovare, se esiste, la situazione che abbiamo descritto. Ciò accade di fatto nella posizione che abbiamo raffigurato, quando cioè la verticale è a due tacche dall'occhio. Questo ci permette di concludere che la distanza dell'occhio dal quadro è di 8 braccia. È interessante notare come, in virtù del Teorema X sul "Modo ottimo" tutto questo non dipenda dalla scala usata nel disegnare le tacche.

Possiamo a questo punto dire anche a che distanza sono le colonne sulla sinistra dal momento che abbiamo visto che la distanza dal quadro è di circa 5 volte e mezzo la distanza tra due colonne. Si vede così che questa distanza è 16/11, poco meno di 1 braccio e mezzo.

In definitiva, se il dipinto è stato realizzato secondo le regole prospettiche corrette suggerite da Alberti e se possiamo rintracciare nel quadro tre segmenti, uno orizzontale, uno verticale e uno in profondità, dei quali conosciamo la misura reale, allora è possibile ricostruire la posizione reale di ogni punto rappresentato. L'altezza e la larghezza si ricostruiscono facilmente a partire da un uomo rappresentato sul quadro che si suppone alto tre braccia, mentre una misura di profondità può essere individuata se si ritrovano nel quadro, ad esempio, un quadrato con i lati paralleli alle linee di profondità, come nell'esempio che abbiamo trattato.

 Possiamo trovare vari esercizi di questo tipo, alcuni svolti e altri proposti, in fondo alla **scheda sugli Albori della geometria proiettiva §4**.

Nota L'interpretazione del "modo ottimo", la procedura prospettica descritta da Leon Battista Alberti nel De pictura, che si illustra in questo paragrafo, è stata elaborata da Pietro Roccasecca, che ha curato nel CD allegato la parte relativa al De pictura*. Tale interpretazione è diversa da quella sostenuta da Erwin Panofsky, che con il nome anacronistico di "costruzione legittima", è accettata dalla comunità accademica e trovandosi in tutti i manuali scolastici è oramai entrata nel senso comune.
Nelle schede "Erwin Panofsky e cosiddetta la costruzione legittima", "Il modo Ottimo" e il "Metodo delle superbipartienti", redatte da Pietro Roccasecca e pubblicate nel CD allegato sono ampiamente chiariti i termini della questione.
Da parte nostra, abbiamo scelto di fare nostra e divulgare la nuova interpretazione della procedura prospettica albertiana perché essa ne chiarisce i passaggi operativi rimanendo aderente al testo del De pictura.

* Pietro Roccasecca ha pubblicato i suoi studi sul De pictura in P. Roccasecca, Il "modo optimo" di Leon Battista Alberti, in "Studi di Storia dell'Arte", 4, 1993, pp. 245 - 262; Id., La "costruzione legittima" secondo Erwin Panoksky e il "modo ottimo" di Leon Battista Alberti, in Biuletyn Historii Sztuki, LIX (1997), pp.1-16; Id., Punti di vista non punto di fuga, in "Invarianti", 33, 1999, pp. 41-49.

5 Corrispondenze conformi e omotetie

Le considerazioni che abbiamo svolto nei precedenti capitoli conducono in modo naturale al concetto di forma[1] e alla sua invarianza rispetto alle effettive dimensioni di un oggetto.

Come possiamo alterare le dimensioni di una figura senza cambiarne la forma? Saremmo tentati di dire, in campo geometrico, che basta rispettare i rapporti tra i lati della figura stessa, ma ciò non è sufficiente:

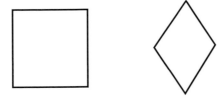

la forma del quadrato, a sinistra, non si è conservata nella riduzione, pur essendo stati rispettati i rapporti tra i lati, perché sono mutati gli angoli.

L'indagine sulle forme geometriche poligonali si può correttamente svolgere applicando i teoremi sui triangoli degli *Elementi* di Euclide, che stanno alla base della teoria della forma. Essi affermano che due triangoli hanno i lati in proporzione se e solo se hanno gli angoli corrispondenti uguali. Nei triangoli la misura dei lati e l'ampiezza degli angoli sono correlati, cosa che non vale in genere, per gli altri poligoni, per cui basta determinare una caratteristica per conoscere l'altra, semplificando così lo studio. Il confronto tra le forme di due poligoni si può effettuare allora per "triangolazione", cioè mediante l'analisi dei triangoli che compongono i poligoni stessi.

La tecnica della triangolazione e le leggi della similitudine sopra ricordate, sufficienti per studiare la forma dei poligoni, diventa difficilmente applicabile in altri casi. Come descrivere la forma di una figura qualunque, che contenga linee curve, ad esempio un viso?

---

[1] Preferiamo il termine forma a quello più in uso che si rifà alla similitudine perché ci pare esprima meglio il significato che si vuole comunicare: la forma è ciò che hanno in comune due figure simili. Per questo preferiamo dire che due figure hanno la stessa forma (forma come sostantivo) piuttosto che dire le due figure sono simili (simile come aggettivo).

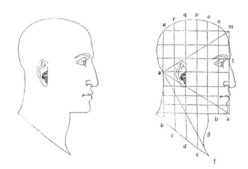

Un modo alternativo nel trattare il concetto di forma che ci permetta di includervi anche casi più complessi ci è suggerito dalla geometria della visione. Abbiamo visto, trattando la prospettiva, che due oggetti che giacciono su sezioni parallele della stessa piramide visiva hanno la stessa forma e sono contemporaneamente visti uguali. I raggi visivi che li colgono stabiliscono una corrispondenza tra i punti di un piano e quelli dell'altro e i punti, i contorni di una figura, si proiettano nei punti, nei contorni della figura corrispondente. È possibile partire da questa idea di una particolare proiezione tra le figure, per sviluppare una teoria generale della forma.

In questo ambito non si può allora prescindere dal concetto di corrispondenza, o trasformazione, del quale è necessario ormai dare una definizione rigorosa.

Definizione di corrispondenza tra piani – Dati due piani P e Q, una **corrispondenza**, o **applicazione**, o **trasformazione**, F di P in Q è una ben definita legge che permette di far corrispondere ad ogni punto di P un punto di Q –

Se A è un punto di P, ed F la corrispondenza, il punto di Q che corrisponde ad A tramite F si indica solitamente con F(A) e la corrispondenza viene indicata col simbolo:

$$F : P \to Q$$

F è il nome della corrispondenza e la freccia ne indica il verso. La corrispondenza inoltre è "**uno ad uno**" o "**iniettiva**" se punti diversi di P sono associati a punti diversi di Q.

La strada da seguire per arrivare a una definizione completa e soddisfacente di forma passa attraverso la costruzione di appropriate corrispondenze tra piani, che saranno di seguito mostrate.

5.1 Le corrispondenze conformi e il Teorema Fondamentale

La proiezione su piani paralleli è una particolare corrispondenza che si ottiene considerando due piani paralleli e un punto O esterno ad essi. Ad un punto A di P si fa corrispondere il punto F(A) di Q ottenuto intersecando con Q la retta OA.

Notiamo che, poiché O non appartiene a *P*, A è diverso da O e quindi la retta OA
è sempre definita. Essa inoltre non può essere parallela a *Q* perché altrimenti
sarebbe parallela anche a *P* e per questo il punto F(A) è pure sempre definito.

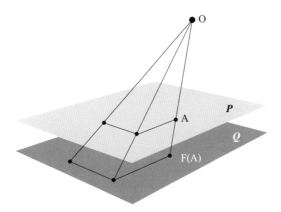

L'immagine precedente descrive molto bene, in modo sintetico, quanto abbiamo detto: il punto A di *P* viene proiettato da O nel punto F(A) di *Q*. Questa
operazione può essere fatta per ogni punto di *P*. Per comodità di notazione le
immagini F(A), F(B), F(C) dei punti A, B, C di *P* saranno indicate con A', B', C'.
La teoria della similitudine ci permette di stabilire alcune proprietà importanti di questa corrispondenza.

1) *La proiezione su piani paralleli conserva l'allineamento.*
Questo vuol dire che tre punti di *P* allineati si trasformano in tre punti di *Q*
allineati. La dimostrazione di questa proprietà non è difficile se si riesce ad
immaginare visivamente la situazione. Se infatti i tre punti A, B, C sono su una
retta allora le rette OA, OB, OC stanno su un piano il quale intersecherà il
piano *Q* lungo una retta sulla quale dovranno trovarsi i punti A', B', C'.

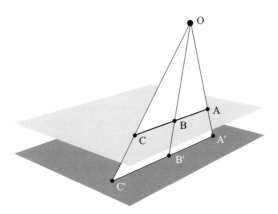

2) *La proiezione su piani paralleli conserva i rapporti.*
Questo vuol dire che, dati in *P* i punti allineati, A, B, C, come nella figura precedente, il rapporto AB : BC non cambia proiettando i punti su *Q*:

$$AB : BC = A'B' : B'C'.$$

In particolare, se B è il punto medio di A e C, anche la sua proiezione B' sarà il punto medio tra A' e C'. La dimostrazione di questa proprietà è molto semplice: nel piano OAC abbiamo le rette complanari AC e A'C' parallele (perché i piani *P* e *Q* sono paralleli) e quindi, per il Teorema XI del dardo AB : BC = A'B' : B'C'.

3) *La proiezione su piani paralleli conserva gli angoli[2].*

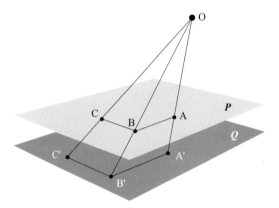

Questo significa che se i segmenti AB e BC formano un certo angolo in B, le loro proiezioni A'B' e B'C' formano lo stesso angolo in B'. La dimostrazione di questo fatto si ottiene dimostrando che i triangoli ABC e A'B'C' sono simili, avendo i lati proporzionali. Poiché triangoli simili hanno gli angoli uguali il nostro assunto resta dimostrato.

4) *La proiezione su piani paralleli dilata (o contrae) i segmenti secondo un rapporto fisso, dato dal rapporto tra le distanze dei due piani dal punto O.*
Infatti si ha AB :A'B' = OH : OH' e quest'ultimo rapporto non dipende dal segmento AB ma dalla posizione reciproca dei piani e del punto O. La dimostrazione di questo fatto dipende ancora dalla ovvia similitudine dei triangoli OAB e OA'B' e dei triangoli OBH e OB'H'.

---

[2] Anche in questo contesto intendiamo l'angolo nel senso euclideo di inclinazione di una semiretta su un'altra. In questo senso l'angolo è sempre positivo e minore di due angoli retti. I due angoli che si possono formare a partire da una semiretta saranno distinti riferendosi a una fissata orientazione del piano. Se invece il livello dell'insegnamento ha già sviluppato il concetto di angolo, legato alla rotazione e alla sua misura in radianti, la trattazione potrà essere semplificata pur restando concettualmente equivalente.

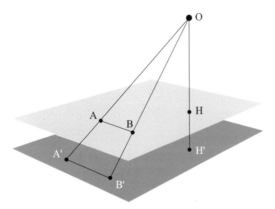

Le immagini che abbiamo proposto per illustrare queste proprietà ci sono suggerite dal modello legato alla visione, tuttavia le considerazioni che abbiamo fatto valgono anche se il punto o si trova tra i due piani.

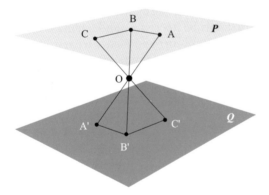

La proiezione su piani paralleli è un esempio molto importante di corrispondenza tra piani perché sarà il nostro modello di **corrispondenza conforme**, di cui diamo la definizione

Definizione di corrispondenza conforme – Dati due piani P e Q una corrispondenza F di P in Q è una corrispondenza conforme se conserva gli angoli e l'allineamento –

Ciò significa che se prendiamo nel piano P due segmenti AB e BC che formano un angolo β in B, i **"trasformati"** o **"immagini"** di AB e BC nel piano Q sono, se la corrispondenza è conforme, due segmenti A'B' e B'C' che formano tra loro lo stesso angolo β.

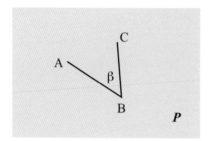

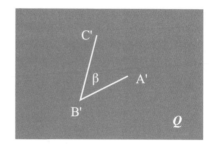

Queste proprietà di conservazione, che abbiamo messo a fondamento delle trasformazioni conformi, conserva dunque la forma perché crea un rapporto di similitudine tra le figure che mette in corrispondenza: un rombo, ad esempio, non potrà essere il trasformato conforme di un quadrato, perché in quella particolare corrispondenza non vengono mantenuti gli angoli, e quindi la similitudine tra le figure.

Si intuisce come la proprietà qualitativa di una corrispondenza di mantenere gli angoli e l'allineamento possa permettere, come vedremo nei dettagli nel corso della dimostrazione del teorema fondamentale sulle trasformazioni conformi, di ricostruire l'intera corrispondenza a partire da pochissime informazioni. Infatti scelti ad arbitrio due punti distinti A e B in *P* e altri due punti distinti A' e B' in *Q*, esistono solo *due* corrispondenze conformi che associano A ad A' e B a B'. Le due corrispondenze sono ottenute l'una dall'altra tramite una simmetria assiale rispetto alla retta AB (o A'B') e quindi una conserva l'orientazione dei due piani e l'altra la inverte.

Per precisare meglio questi aspetti è necessario chiarire alcuni fatti elementari relativi all'orientazione di rette e piani che qui, per chiarezza, brevemente richiamiamo.
Una retta **a** *è orientata* quando si sia fissato un verso di percorrenza. Una coppia ordinata di punti distinti AB di **a**, definisce un'orientazione di **a**: quella da A (il primo punto della coppia) verso B (il secondo punto della coppia). Per indicare con un disegno l'orientazione di una retta **a** si sovrappone ad **a** una freccia che mostra il verso di percorrenza.

Nella figura di sinistra abbiamo orientato la retta con la coppia ordinata AB in quella di destra con la coppia ordinata BA.

Un piano P si dice orientato quando si sia fissato un verso di rotazione. Per indicare il verso di rotazione che si vuol fissare, si dà una terna di punti non allineati, indicando l'ordine con cui vanno considerati. Esistono due possibili versi di rotazione: quello orario e quello antiorario.

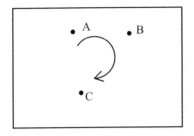
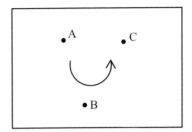

Una terna ordinata A, B, C di punti non allineati definisce allora una orientazione del piano *P*: quella che si ottiene ruotando da A verso B verso C.

Nella figura a sinistra la terna ordinata A, B, C definisce come orientazione quella oraria, mentre in quella di destra è definita l'orientazione antioraria. Possiamo, nell'indicare l'orientazione, omettere la terna di punti e lasciare la freccia di rotazione.

Definizione – Dati due piani orientati *P* e *Q* diciamo che una **corrispondenza** F di *P* in *Q* conserva l'orientazione (o l'orientamento) se per ogni terna di punti A, B, C ordinati secondo l'orientazione di *P*, la terna F(A), F(B), F(C) definisce un verso di rotazione concorde con quello di *Q* –

Possiamo ora enunciare l'importante teorema:

XII. Teorema Fondamentale sulle trasformazioni conformi – Dati due piani orientati *P* e *Q*, due punti distinti A, B di *P* e due punti distinti A', B' di Q, esiste una ed una sola corrispondenza conforme che associa A ad A' e B a B' e che conserva l'orientazione –

Indichiamo l'orientazione dei piani con la freccia di rotazione.
Siano A e B punti distinti del piano *P* e A' e B' i loro corrispondenti sul piano *Q*.

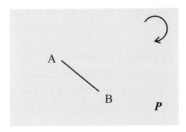
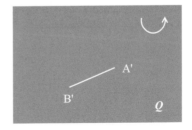

L'esistenza della trasformazione conforme cercata si dimostra definendo una costruzione grafica che individui in modo univoco l'immagine X' di un qualunque punto X di *P* in modo che la corrispondenza sia conforme, conservi l'orientamento, e associ A' ad A e B' a B. L'unicità della corrispondenza dipende dalle caratteristiche di univocità della costruzione.

Data la natura di questo testo, non riportiamo la dimostrazione per intero. Omettiamo di far vedere come la corrispondenza che andremo a definire conservi gli angoli e sia di fatto conforme. Nella scheda **Immagini della Geometria Proiettiva § 2** troviamo una animazione "passo a passo" che descrive questa costruzione.

Costruzione di una trasformazione conforme

Vogliamo costruire una trasformazione conforme di un piano *P* in un piano *Q*, dati due punti A e B di *P* e i corrispondenti A' e B' di *Q*.
Sia X il punto di P da trasformare. Si danno due casi:

1) *X non è allineato con A e con B.*

- Uniamo A con X e consideriamo i tre punti dati nell'ordine definito dall'orientamento fissato su *P*: BAX nel caso della figura. Consideriamo l'angolo α = BAX.

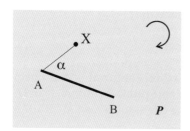

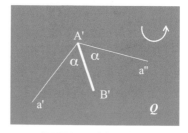

- Poiché vogliamo che la trasformazione conservi l'allineamento e gli angoli, il punto X' trasformato di X, dovrà trovarsi su una delle due semirette per A' che formano con A'B' un angolo α.

- Poiché vogliamo che la trasformazione conservi l'orientamento, anche i corrispondenti B'A'X', debbono risultare ordinati in modo concorde al verso di rotazione fissato su Q. Dunque il punto X' deve trovarsi, nella situazione descritta dalla figura, sulla semiretta **a'**. Congiungiamo B con X e ragioniamo nello stesso modo per l'angolo β = XBA.

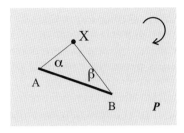

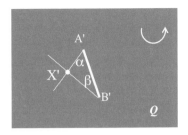

- Congiungiamo B con X e ragioniamo nello stesso modo per l'angolo β = XBA. Possiamo costruire in **Q** la semiretta **b'** che formi con A'B' lo stesso angolo β. Il punto X' dovrà trovarsi anche su quella semiretta e dunque sarà univocamente determinato dall'intersezione delle due semirette.

2) *X è allineato con A e B*

- Ci sono molti modi per eseguire la costruzione in questo caso. Possiamo, ad esempio, costruire in **P** un triangolo ABY la cui altezza sia YX e riportare tale triangolo, col metodo visto prima nel piano **Q**. Poiché la trasformazione conserva gli angoli, l'altezza di un triangolo si trasforma nell'altezza del triangolo corrispondente, dunque il punto X' sarà individuato univocamente come intersezione di A'B' con l'altezza del triangolo A'B'Y'.

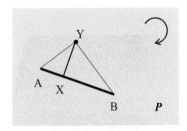

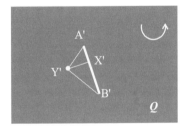

La costruzione sopra esposta permette anche di definire, nelle stesse ipotesi, una corrispondenza conforme che inverta l'orientamento presente in **Q**, scegliendo le semirette **a"** e **b"** simmetriche di a' e b', rispetto ad A'B'.

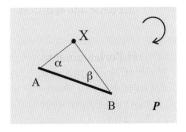

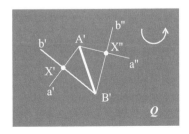

Questa costruzione mostra come sia possibile ricostruire l'immagine di una figura anche complessa quando si conoscano delle proprietà qualitative della corrispondenza (nel nostro caso il fatto che conserva gli angoli, l'orientazione e l'allineamento) e il corrispondente di una sua parte. Nel caso delle corrispondenze conformi basta conoscere il trasformato di un segmento.

Nel seguito questo stesso metodo sarà applicato alle corrispondenze (o trasformazioni) proiettive e ci consentirà di ricostruire l'intero schema prospettico a partire da una sua piccola parte.

Per facilitare la comprensione di questo procedimento crediamo sia essenziale fare molti esercizi. Ne proponiamo alcuni, svolti, che potrebbero servire come prototipi.

Esercizi di costruzione del corrispondente di una figura, nota una sua parte

Questi esercizi vanno risolti usando una riga e un goniometro. Si devono usare due fogli: uno che rappresenta il piano P con la sua orientazione e una figura e l'altro il piano Q pure orientato dove si dovrà ricostruire l'immagine della figura assegnata a partire da una sua parte data. La procedura generale per risolvere questo tipo di esercizio consiste nel decomporre la figura data in tanti triangoli e riportare gli angoli corrispondenti nella figura da costruire facendo attenzione all'orientamento.

1 – È data una corrispondenza conforme di P in Q, che mantiene l'orientamento e che al segmento AB fa corrispondere il segmento A'B'. Costruire l'immagine del quadrilatero dato in P –

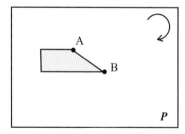 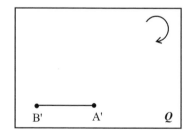

Svolgimento

Nominiamo gli estremi del segmento sul piano Q rispettando l'ordinamento. Il segmento BC forma un angolo a con AB dunque anche B'C' formerà lo stesso angolo a con A'B'. Ci sono due angoli in B' che hanno la stessa ampiezza di a: uno sopra e l'altro sotto A'B'. Si deve scegliere quello sopra perché la terna ordinata ABC è concorde con l'orientazione di P e lo stesso deve avvenire in Q con A'B'C'.

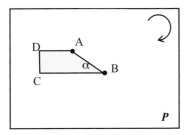

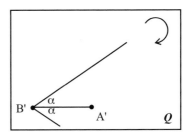

Per determinare il punto C possiamo seguire la costruzione della trasformazione conforme. Tracciamo la retta AC e riportiamo, col goniometro in A' l'angolo β = BAC. Resta in questo modo determinata l'immagine C' di C come intersezione di due semirette.

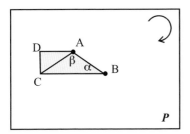

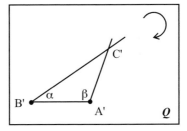

Una volta trovato C' è facile individuare D', essendo gli angoli BCD e CDA angoli retti. Il risultato finale si può vedere nella figura seguente.

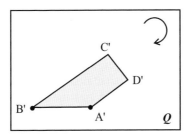

2 – È data una corrispondenza conforme che trasforma il piano orientato *P* nel piano orientato *Q*, e il segmento AB nel segmento A'B'. Costruire l'immagine complessiva della figura proposta, nel caso in cui la corrispondenza conservi l'orientazione e nel caso in cui non la conservi –

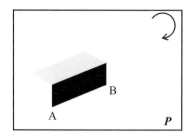

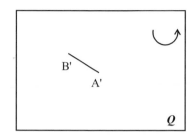

Svolgimento

Come nel caso precedente si deve dividere la figura in triangoli per poter costruire, usando solo l'invarianza degli angoli, i punti corrispondenti. Procedendo come nell'esercizio precedente si trova, nel caso in cui la corrispondenza conservi l'orientazione:

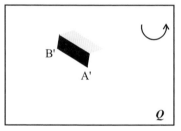

Nel caso opposto si trova invece:

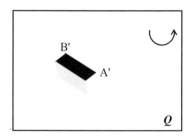

3 – È data una corrispondenza conforme che conserva l'orientamento, che alla scritta LEX del piano orientato *P* associa una scritta nel piano *Q*, della quale abbiamo solo la L. A partire da questi dati determinare l'orientazione in *Q* e ricostruire l'intera scritta –

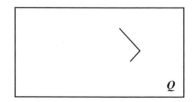

Svolgimento

Notiamo intanto che la L induce l'orientazione oraria che è data sul piano *P* andando dalla gamba più corta a quella più lunga quindi se la trasformazione conserva l'orientazione si deve orientare *Q* con la rotazione in senso antiorario.

Per ricostruire la scritta, successivamente, triangoliamo LEX e poi seguiamo la solita procedura.

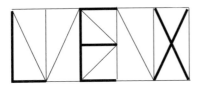

Una possibile triangolazione è quella riportata in figura.

5.2 Un corollario del teorema sulle trasformazioni conformi

Il teorema fondamentale ci permette di rappresentare ogni corrispondenza conforme che conservi l'orientazione, attraverso una opportuna proiezione su piani paralleli. Precisamente:

Corollario al Teorema XII – Data una qualunque corrispondenza conforme F tra due piani orientati *P* e *Q* che conservi l'orientamento, è sempre possibile immergere *P* e *Q* nello spazio ordinario come piani paralleli e trovare una punto O in modo che la proiezione da O di *P* in *Q* coincida con la corrispondenza F data –

Dimostrazione

Consideriamo una qualunque corrispondenza conforme F di un piano P in un piano Q e siano A' e B' le immagini tramite F di due punti A e B del piano P. Disponiamo nello spazio i due piani in modo che:
a) siano paralleli
b) *P* e *Q* siano concordemente orientati (ad esempio entrambi in senso antiorario), cosa che può essere sempre ottenuta ribaltando eventualmente uno dei due piani.
c) le rette AA' e BB' siano complanari.
Anche questo è sempre possibile perché, posizionati *P* e *Q* in modo che siano paralleli e concordemente orientati, possiamo considerare la retta AA' e ruotare, se necessario, il piano *Q* parallelamente a se stesso attorno ad A', fino a quando il punto B' non vada a trovarsi sul piano per ABA':

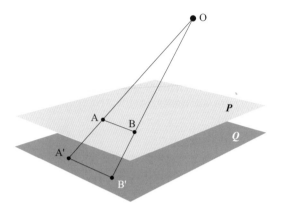

In questo modo la retta AA' e BB' vengono a trovarsi su uno stesso piano e quindi, se non sono parallele[3], si incontrano in un punto O. La proiezione da O è una corrispondenza di P in Q che conserva l'orientazione, l'allineamento e gli angoli, essa è dunque conforme. D'altra parte questa proiezione manda A in A', B in B' e dato che, per il teorema fondamentale, esiste una e una sola corrispondenza conforme che conserva l'orientamento con questa proprietà, la corrispondenza da cui eravamo partiti coincide con la proiezione.

C. V. D.

Questo fatto è importante perché ci permette di assumere come valide per le trasformazioni conformi tutte le proprietà che abbiamo visto per il caso particolare delle proiezioni su piani paralleli. In particolare queste trasformazioni conservano i rapporti, e dilatano o contraggono i segmenti secondo un fissato rapporto[4].

Siamo in grado, a questo punto, di dare una definizione completa di forma usando il concetto di trasformazione conforme.

Definizione di forma – Diciamo che due figure piane **F** ed **F'** hanno la stessa forma se esiste una trasformazione conforme tra il piano di **F** e quello di **F'** che trasforma una figura nell'altra[5] –

---

[3] Se le rette AA' e BB' fossero parallele la proiezione da prendere in esame è quella con raggi paralleli che è banalmente conforme e che consideriamo come un caso particolare di proiezione su piani paralleli.

[4] La cosa è evidente per le corrispondenze conformi che conservano l'orientazione, per le altre, essendo ottenute dalle prime con una simmetria assiale, la cosa è pure ovvia.

[5] Nel linguaggio più formale e preciso della matematica intendiamo per figura piana un sottoinsieme compatto del piano euclideo con la topologia naturale. Nello spazio delle figure diremo che due figure hanno la stessa forma se sono ottenute una dall'altra tramite una corrispondenza conforme. Le figure vengono in questo modo divise in classi d'equivalenza e la forma di una figura è la sua classe di equivalenza.

Questa definizione permette di confrontare figure anche complesse per verificare se abbiano o no la stessa forma.

Alla fine del capitolo sono proposti alcuni esercizi relativi al concetto di forma.

5.3 Un caso particolare: l'omotetia

Il caso particolare di una corrispondenza conforme di un piano in sé che conservi l'orientamento, prende il nome di **omotetia**. Questa si può immaginare pensando di "schiacciare" su un medesimo piano l'intera configurazione: i due piani, il punto O e i raggi proiettanti.

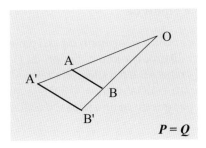

Definizione di omotetia – Dato un punto O in un piano e un numero k non nullo una **omotetia** di centro O e coefficiente k è una trasformazione del piano in se stesso che manda O in O e un punto P diverso da O nel punto P' allineato con O e P tale che

$$OP : OP' = 1 : k.$$

Dove, se k > 0 il punto P' è preso sulla semiretta di origine O che contiene P, mentre se k < 0 sulla semiretta opposta. In particolare, se k = – 1, l'omotetia è una riflessione rispetto ad O. –

Se k >1 l'omotetia allunga le distanze ed è anche chiamata una dilatazione, mentre se 0 < k < 1 è una contrazione.

Le immagini seguenti rappresentano due facciate di un portico rappresentate, secondo il metodo delle "alzate", a distanze diverse dall'occhio da Alberti (vedi scheda **Gli albori della geometria proiettiva** § 5). Esse, se sovrapposte, risultano essere figure omotetiche e il centro di omotetia è il punto centrico o punto principale al quale concorrono le immagini delle linee di profondità.

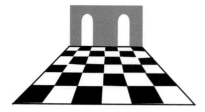 

Le proprietà delle omotetie derivano dalla teoria euclidea della similitudine. In questa sede ne diamo solo un breve cenno, riferendoci sempre a una omotetia di centro O e coefficiente k positivo. Il caso k < o è del tutto analogo a quello trattato.

Alcune proprietà delle omotetie

1) *L'omotetia manda segmenti in segmenti ad essi paralleli*
   Se A e B sono punti distinti tra loro e distinti da O e se A' e B' sono i loro trasformati allora la retta AB è parallela alla retta A'B' e
   AB : A'B' = k : 1. Infatti OA:OA' = 1/k = OB:OB' e quindi i triangoli OAB e OA'B' sono simili e per questo hanno le basi parallele.

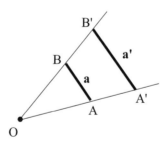

2) *L'omotetia mantiene l'allineamento*
   Se A, B, C sono tre punti allineati e se A', B', C' sono i loro trasformati, allora anche A', B', C' sono allineati. Questo fatto, ragionando per assurdo, discende facilmente dal Teorema XI del dardo.

3) *L'omotetia mantiene gli angoli*
   Se A, B, C sono tre punti non allineati e se A', B', C' sono i loro trasformati, allora l'angolo compreso tra le rette BA e AC è uguale al corrispondente angolo. Infatti i triangoli ABC e A'B'C' avendo i lati proporzionali sono simili e quindi hanno gli angoli uguali.

4) *L'omotetia conserva l'orientazione*
   Il verso di rotazione definito dalla terna ordinata ABC è quello ottenuto ruotando la retta OA verso OB, e la retta OB verso OC e dunque è lo stesso di quello definito da A'B'C'.

   Notiamo che le proprietà 1), 2), 3), 4) ci dicono che le omotetie sono trasformazioni conformi del piano in se stesso che conservano l'orientazione.

5) Se A, B, C sono i vertici di un triangolo e se A', B', C' sono i loro trasformati allora i due triangoli hanno la stessa forma e i lati sono paralleli. Viceversa se i due triangoli hanno la stessa forma e se AB è parallelo ad A'B' allora le rette AA', BB' CC' passano per uno stesso punto, che è il centro di una omotetia che trasforma ABC in A'B'C'.

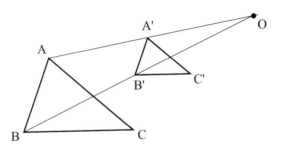

6) Se **F** è una qualunque figura poligonale e **F'** e il trasformato di **F** tramite una omotetia, allora **F'** ha la stessa forma di **F**

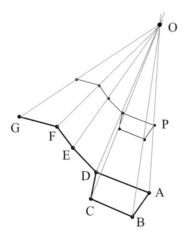

Questa proprietà dipende dal fatto che l'omotetia è una corrispondenza conforme.

5.4 Equazioni di una trasformazione conforme

Utilizzando la nostra rappresentazione delle corrispondenze conformi in termini di proiezioni su piani paralleli possiamo facilmente trovare, in opportuni sistemi di riferimento cartesiano, le equazioni della corrispondenza. Supponiamo che la corrispondenza conservi l'orientazione. In questo caso essa è equivalente, per il corollario precedente, a una proiezione di un piano P in un piano Q ad esso parallelo da un punto esterno O.

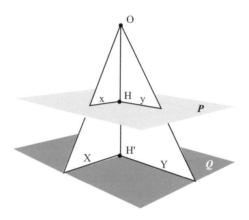

Scegliamo l'origine degli assi del piano P nel punto H e nel piano Q nella sua proiezione H' e scegliamo i riferimenti in modo che gli assi X e Y del piano Q siano la proiezione degli assi x, y del piano P rispettivamente, concordemente orientati. Un punto P(x,y) del piano P si proietta in un punto P' del piano Q le cui coordinate X e Y sono date da

$$\begin{cases} X = kx \\ Y = ky \end{cases}$$

dove k > o è il rapporto OH':OH.

Queste equazioni permettono di risolvere vari problemi sulle corrispondenze conformi con i metodi della geometria analitica.

Esercizi riepilogativi sulle trasformazioni conformi

1 – Supponiamo che una corrispondenza tra il piano *P* e il piano *Q*, orientati in senso antiorario, trasformi la figura di sinistra nella figura di destra. Dire se la trasformazione può essere una trasformazione conforme e motivare la risposta –

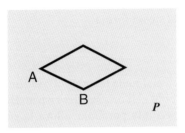
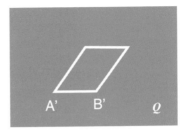

2 – Dimostrare che due cerchi hanno la stessa forma –

Questo esercizio può essere svolto sia per via sintetica che per via analitica. Proponiamo i due approcci.

Svolgimento per via sintetica

Consideriamo uno dei due cerchi che supponiamo di raggio r e centro A tracciato su un piano **P**. Consideriamo la retta per A perpendicolare a **P** e su questa prendiamo un punto O che non stia sul piano **P**. Prendiamo questo punto O come centro di proiezione di un piano **P** in un piano **Q** ad esso parallelo. Usando le proprietà della proiezione si vede che il trasformato di un cerchio è ancora un cerchio. Facendo variare poi la distanza tra **P** e **Q** otteniamo tutti i possibili cerchi qualunque sia il loro raggio (esistenza e unicità del quarto proporzionale).

Svolgimento per via analitica

La prima circonferenza nel piano x,y ha equazione

$$x^2 + y^2 = r^2$$

la seconda nel piano X,Y ha equazione

$$X^2 + Y^2 = R^2$$

la corrispondenza conforme di equazioni

$$\begin{cases} X = \dfrac{R}{r}x \\ Y = \dfrac{R}{r}y \end{cases}$$

trasforma i punti le cui coordinate (x,y) verificano l'equazione della prima circonferenza in punti le cui coordinate (X,Y) verificano l'equazione della seconda circonferenza.

3 – Dimostrare che due parabole hanno la stessa forma –

Svolgimento

L'equazione di una parabola può sempre scriversi nella forma $y = ax^2$ con $a > 0$. Infatti basta collocare il vertice della parabola nell'origine del riferimento e la concavità verso l'alto. Se $Y = bX^2$ è una seconda parabola, allora la corrispondenza conforme di equazioni

$$\begin{cases} X = \dfrac{a}{b}x \\ Y = \dfrac{a}{b}y \end{cases}$$

trasforma i punti le cui coordinate (x,y) verificano l'equazione della prima parabola in punti le cui coordinate (X,Y) verificano l'equazione della seconda parabola.

4 – Due ellissi hanno la stessa forma se e solo se il rapporto tra i semiassi è lo stesso. Poiché l'eccentricità dell'ellisse dipende solo dal rapporto tra i semiassi, possiamo dire che due ellissi hanno la stessa forma se e solo se hanno la stessa eccentricità –

Svolgimento

Siano a, b i semiassi della prima ellisse e $A = ha$, $B = hb$ i semiassi della seconda ellisse a loro proporzionali. Ragionando come prima, scrivendo le equazioni delle ellissi, possiamo trovare una corrispondenza conforme che trasforma la prima nella seconda. Viceversa se le due ellissi hanno la stessa forma allora i triangoli evidenziati nella figura devono essere simili e quindi i rapporti tra i semiassi devono essere gli stessi.

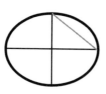 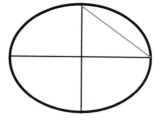

6 Piero della Francesca

Piero della Francesca inizia il suo *De prospectiva pingendi*, il primo trattato che espone in stile matematico le regole della prospettiva, proponendo un metodo per ricostruire l'immagine prospettica di un quadrato orizzontale, sul piano di terra, sul quale poi degradare le linee che costituiscono la pianta di ciò che si vuole rappresentare. Consapevole che il risultato dipende strettamente dalla scelta del punto di vista, Piero tratta il suo metodo come caso particolare di un rigoroso schema teorico generale, differenziandolo da molti metodi empirici in voga al tempo, nei quali, come abbiamo visto, la degradazione di un pavimento era costruita cercando solo una qualche verosimiglianza con la realtà. Come Alberti, egli prende le mosse dagli assiomi della visione diretta e intende per rappresentazione prospettica di un oggetto l'intersezione della piramide visiva che sottende l'oggetto stesso col piano del quadro. Chiama inoltre *termine* il piano *nel quale l'ochio descrive co' suoi raggi le cose proportionalmente et posse in quello giudicare la loro mesura: se non ci fusse termine non se poria intendere quanto le cose degradassaro, sì che non se porieno dimostrare*[1].

A fondamento dell'impostazione di Piero esiste dunque la piramide visiva, con vertice nell'occhio, e la sua intersezione col piano del quadro, nel quale la figura vede degradate le sue dimensioni reali ed è mostrata attraverso il disegno. Gli strumenti teorici che Piero utilizza sono, oltre ai teoremi dell'*Ottica* di Euclide, esplicitamente citati, i teoremi di geometria elementare degli *Elementi* e soprattutto la teoria delle proporzioni che diventa la vera chiave per rendere rigoroso ed universale il metodo prospettico che Piero vuole descrivere.

6.1 La misura nella prospettiva

Il termine "degradare", usato da Alberti per indicare la successione delle linee trasverse rappresentate sul quadro nell'avvicinarsi alla linea centrica, ricorre continuamente nei teoremi di Piero con un significato ben preciso: indica il cambiamento di misura dell'oggetto reale nella sua proiezione sul quadro e, per estensione, la proiezione stessa. Così, per esempio, "degradare la base di un quadrato" significa trovarne la lunghezza nella rappresentazione prospettica, e la "base degradata" è la rappresentazione sul quadro del lato del quadrato.

---

[1] Piero della Francesca, *De prospectiva Pingendi*, Libro I Prologo

Piero esplicita[2] anche, dandone una formulazione e una sua dimostrazione, un teorema di particolare importanza per risolvere i problemi del "degradare", applicato implicitamente in Alberti, e che abbiamo chiamato Teorema XI del dardo.

Teorema I, VIII – Dato un segmento AB diviso in più parti e un segmento A'B' ad esso parallelo, se dagli estremi di AB e dai punti che lo suddividono si portano rette che convergono a uno stesso punto O, allora il segmento A'B' sarà suddiviso da tali rette in parti proporzionali a quelle di AB –

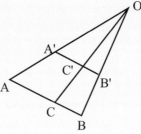

Il teorema afferma che, se un segmento è diviso in una o più parti secondo dati rapporti, allora proiettando questa configurazione da un punto O su un segmento parallelo, questo verrà diviso in parti che stanno fra loro negli stessi rapporti, o, per dirla in altro modo, manterrà la stessa configurazione del primo.

Come abbiamo visto nella dimostrazione del Teorema XI del dardo il rapporto AC : CB non cambia nella proiezione da O su segmenti paralleli per motivi di similitudine:

$$AC : CB = A'C' : C'B'.$$

Il teorema ha una importante formulazione inversa, ovvero non solo i rapporti si conservano se le linee AA', BB' e CC' convergono a un punto, ma anche, viceversa, le linee convergono al punto di fuga se i rapporti si conservano, proprio come accade nel caso della vera degradazione, rappresentazione prospettica corretta.

Non è chiaro se Piero avesse la consapevolezza di tale formulazione inversa dato che nel suo enunciato essa non emerge con chiarezza.

---

[2] Libro I,VIII, *Sopra a la recta linea data in più parti devisa, se un'altra linea equidistante a quella se mena et da le divisioni de la prima se tira linee che terminino ad un puncto, devidaranno la equidistante in una proporzione che è la linea data.*

Come abbiamo visto, non solo, infatti, i rapporti si conservano se linee AA', BB', CC' convergono a un punto, ma anche, viceversa, se i rapporti si conservano, le linee convergono al punto di fuga, come accade nel caso della *vera degradazione*[3], rappresentazione prospettica corretta.

Nella figura seguente è possibile osservare, a sinistra, come le parti tra loro in proporzione di due segmenti paralleli si possano congiungere con rette convergenti, mentre a destra vediamo che se la forma della configurazione di punti non si mantiene, cioè se la proporzione tra le parti non è rispettata, le rette che le congiungono, se prolungate, convergono a punti diversi.

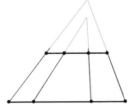

Osserviamo che, come abbiamo già visto, un segmento AB parallelo a un piano *Q* viene sempre proiettato da un punto O su *Q* in un segmento A'B' ad esso parallelo.

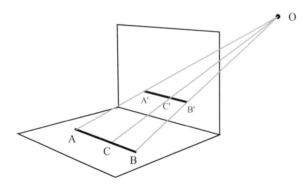

Il teorema del dardo appena ricordato, potendosi applicare alla proiezione di segmenti paralleli al piano del quadro sul quadro stesso, assume dunque una importanza rilevante nell'impostazione matematica di Piero e individua una direzione privilegiata, quella parallela al quadro, per la quale è facile realizzare correttamente le degradazioni, usando il fatto che i rapporti si conservano. È possibile quindi determinare a priori la misura delle linee degradate:

---

[3] Libro I,12

XIII. Teorema della degradazione di grandezze parallele al quadro – Un segmento AB di lunghezza x parallelo al quadro degrada in un segmento A'B' ad esso parallelo la cui lunghezza x' vale x' = dx/(d + y), essendo d la distanza dell'occhio dal quadro e y la distanza del segmento AB dal quadro –

Ipotesi: AB // **Q**, AB ha lunghezza x
Tesi: A'B' ha lunghezza x' = dx/(d + y)

Dimostrazione

Sia il segmento AB parallelo al piano del quadro **Q** e l'occhio sia posto in O. Consideriamo il piano **P** per AB perpendicolare al piano del quadro:

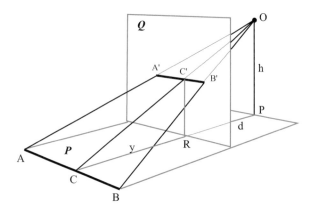

e sia P la proiezione ortogonale di O su quel piano. Consideriamo infine la retta per P perpendicolare al piano **Q**. Tale retta incontra **Q** in R e AB, o il suo prolungamento, in C. In questo modo RC, essendo perpendicolare a **Q** e al segmento AB, diventa la distanza y del segmento AB dal quadro e PR la distanza d dell'occhio dal quadro.

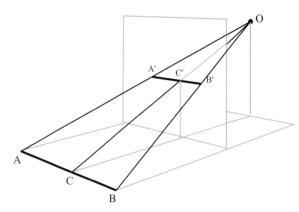

Poiché i triangoli OAB e OA'B' sono simili e OC e OC' sono le rispettive altezze, abbiamo:

$$x' : x = A'B' : AB = OC' : OC,$$

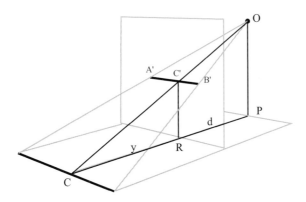

d'altra parte per il teorema di Talete

$$OC' : OC = PR : PC = d : (d+y)$$

e quindi

$$x' = dx/(d + y).$$

C. V. D.

È interessante notare come la degradazione non dipenda dall'altezza OP dell'occhio rispetto al piano P. Essa inoltre vale sia per l'orientazione orizzontale del segmento AB, sia per quella verticale.

6.2 La degradazione di un piano di base quadrato

La seguente costruzione C permette di realizzare, fissata una posizione dell'occhio, la corretta degradazione di un piano quadrato orizzontale.

Costruzione C

- Sia **Q** il piano del quadro nel quale vogliamo realizzare l'immagine degradata di un piano di base quadrato di lato BC che si estende in profondità su un piano orizzontale perpendicolare al quadro. Sia h l'altezza dell'occhio da terra e d la sua distanza dal quadro.

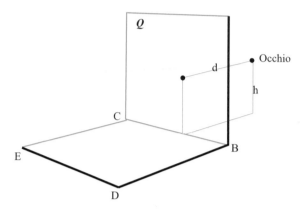

- Sul piano del quadro prolunghiamo la linea di terra e, a partire da B, si riporti PB = d e sulla perpendicolare in P si riporti PA = h. Sia S il punto di intersezione tra AC e BQ.

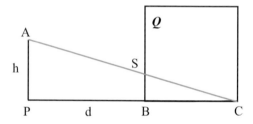

- Da S e da A si traccino le parallele SS', AA' a BC. Su AA' si scelga il punto O', proiezione dell'occhio sul piano, e si congiunga O' con B e con C.

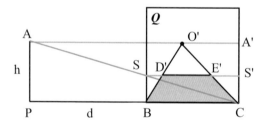

- Il trapezio BCD'E' così ottenuto è il piano quadrato di base degradato.

Il teorema seguente dimostra la correttezza della costruzione appena esposta.

Teorema I, XIII del degradare di un piano di base quadrato – Sia Q il piano del quadro nel quale si vuole realizzare l'immagine degradata di un piano di base quadrato di lato BC, perpendicolare al quadro stesso. Se h è l'altezza dell'occhio rispetto al piano orizzontale e d la sua distanza dal quadro, allora il trapezio BD'E'C ottenuto con la costruzione C rappresenta l'immagine degradata del quadrato di base –

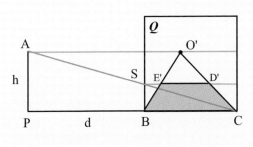

Diamo qui di seguito una nostra rielaborazione delle argomentazioni di Piero della Francesca.

La degradazione del quadrato che stiamo cercando deve necessariamente portare a un quadrilatero, dal momento che la proiezione trasforma punti allineati in punti allineati. Il lato più lontano ED, essendo parallelo al quadro, si trasforma in un segmento E'D' pure parallelo alla linea di base BC. Dunque il quadrato si trasforma in un trapezio.

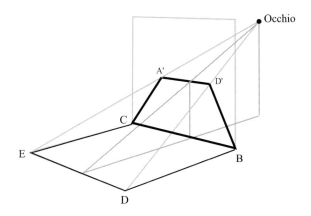

Cerchiamo ora di determinare l'altezza di tale trapezio.

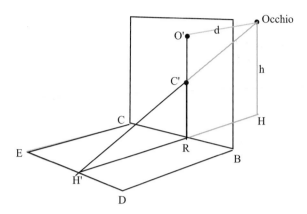

Consideriamo il piede R della perpendicolare alla linea di terra passante per il punto centrico O' e il segmento RH' di distanza tra CB e ED. La proiezione C'R di RH' su **Q**, dovendo convergere al punto centrico, è anch'essa perpendicolare alla linea di terra, per l'unicità della perpendicolare, ed è così altezza del trapezio.

La misura di C'R è riportata sul lato del quadro, in SB, seguendo il secondo punto della costruzione *C*. Infatti il triangolo APC è per costruzione uguale al triangolo OHH' e la perpendicolare SB definisce un triangolo SBC uguale al triangolo C'RH' perché RH' = BD = BC, da cui SB = C'R

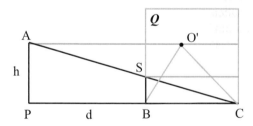

Occorre verificare ora che la base minore E'D' del trapezio ottenuto con la costruzione C rispetta il teorema della degradazione di grandezze parallele e che quindi E'D' = PB·BC/(PB+BC)

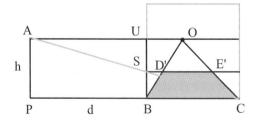

Il rapporto tra le basi del trapezio infatti è uguale al rapporto tra le altezze dei triangoli simili OE'D' e OCB cioè al rapporto US : AP. Ma quest'ultimo rapporto, stante la similitudine dei triangoli AUS APC, è proprio PB : PC. Quindi E'D' : BC = PB : PC da cui E'D' = PB·BC/(PB+BC).

C.V.D.

Dunque la costruzione indicata da Piero realizza un segmento D'E' che è nel giusto rapporto con BC per essere la degradazione del lato del quadrato più lontano dall'occhio.

Notiamo che la misura di E'D' dipende solo dalla distanza d dell'occhio dal quadro e dalla profondità y = DB del quadrato, per cui, fissata d, ovunque si posizioni O, si trova la medesima degradazione del quadrato BCDE. Piero preferisce per l'occhio la posizione centrale: *Perchè mecti tu l'ochio nel mezzo? perchè me pare più conveniente a vedere il lavoro; nientedimeno se po mectare dove a l'omo piaci*[4].

6.3 L'omologia in Piero della Francesca

Malgrado il problema di degradare una qualunque figura disegnata su un piano orizzontale sia teoricamente risolto, Piero aggiunge una costruzione geometrica di grande interesse sia da un punto di vista pratico che da un punto di vista matematico, poiché da quel metodo nasce il concetto di trasformazione proiettiva e di omologia[5]. Piero si rende conto, sembra prima di ogni altro, di un fatto semplicissimo già presente in Alberti[6] ma non sfruttato, e cioè che per reticolare un pavimento con quadrati, una volta fatta una prima divisione di un lato e tracciate le linee parallele corrispondenti

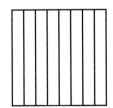

le altre si formano senza più bisogno di misure, ma solo con la riga, semplicemente disegnando la diagonale e tracciando le parallele per i punti d'intersezione.

---

[4] Libro I,13

[5] Questi argomenti verranno dettagliatamente affrontati da un punto di vista matematico nel capitolo 7.

[6] Alberti sottolineava come le diagonali delle mattonelle, in una prospettiva corretta ottenuta col suo modo ottimo, si allineassero e fossero la riprova della correttezza dell'esecuzione.

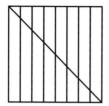 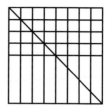

Il fatto che nelle trasformazioni proiettive l'allineamento si conservi ha permesso a Piero di realizzare la trasformazione del pavimento e delle sue linee a partire dalla degradazione del quadrato come sopra mostrato.

I disegni seguenti, in successione, illustrano il metodo:

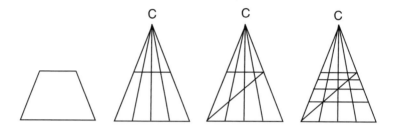

La correttezza geometrica di questa costruzione è evidente dal momento che, individuata la suddivisione in proporzione sulla base minore del trapezio, abbiamo, per il Teorema XI del dardo la convergenza delle linee di profondità al punto C. Fatto questo le altre parti del disegno sono ottenute mantenendo l'allineamento, cioè trasformando rette in rette. La consapevolezza piena di questa proprietà all'apparenza ovvia, che punti allineati si proiettano in punti allineati e quindi debbono rimanere allineati nella rappresentazione sul piano del quadro, non era all'epoca così evidente. Esistono molti esempi di dipinti in cui questa proprietà non è stata pienamente rispettata (vedi ad esempio **Gli albori della geometria proiettiva § 8**).

Resta tuttavia il dubbio di sapere se Piero avesse, nella stessa misura, la consapevolezza del fatto che tutte le diagonali, parallele in partenza, convergono sul quadro, a destra e a sinistra, in un punto (detto **punto di distanza**), come prevede il Teorema VII della convergenza dei segmenti paralleli.

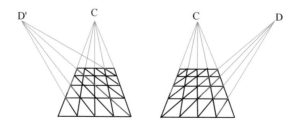

Non è neppure chiaro se avesse compreso che i tre punti D', C, D sono allineati sulla linea dell'orizzonte, che C è il punto medio di D e D' e che CD = CD' rappresenta, nella scala del quadro, la distanza dell'occhio dal piano del quadro. Cosa questa che sarà dimostrata esplicitamente molto più tardi da Danti (vedi **Gli albori della geometria proiettiva** § 6). Il dubbio nasce anche dai recenti studi sul famoso dipinto di Piero *La flagellazione* nel quale i due punti D e D' non sono palesemente equidistanti da C. Varie ipotesi, tra cui una deformazione nei secoli del piano del dipinto, tentano di spiegare questa difformità.

Comunque sia Piero, oltre ad indicare come realizzare lo scorcio di una pavimentazione a scacchiera, trova una costruzione geometrica molto semplice, e oggi facilmente realizzabile con un software di geometria dinamica, per disegnare il corrispondente di un punto P qualunque del piano reale sul piano del quadro.

Un primo passo che rende la costruzione di Piero di facile utilizzazione consiste nel rappresentare in pianta il piano reale sotto la linea di terra, ad essa adiacente, in modo da avere sullo stesso piano la pianta di ciò che si vuole rappresentare e la sua immagine prospettica.

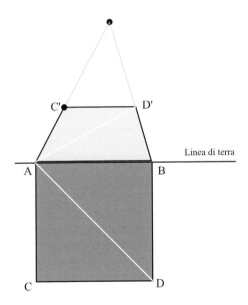

Il piano ABCD rappresenta il piano reale e il trapezio ABC'D' la sua degradazione. I punti O e C' dipendono, come abbiamo visto, dalla posizione dell'occhio e individuano la forma del trapezio, le linee bianche sono le diagonali che si corrispondono nella trasformazione, i punti della linea di terra sono ovviamente fissi, cioè nella proiezione coincidono con le proprie immagini.

La trasformazione omologica in Piero

Esponiamo il metodo grafico mediante il quale è possibile determinare l'immagine P' di un qualunque punto P del piano da degradare. Questa trasformazione rientra nelle trasformazioni omologiche, rigorosamente descritte nel capitolo seguente (§ 7.6)

La figura seguente spiega come trovare P' a partire da P.

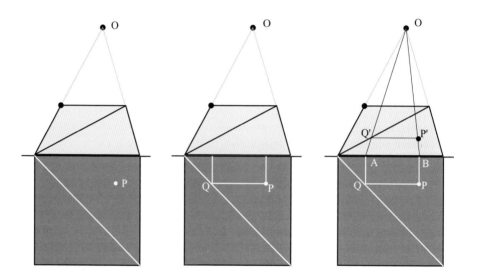

- Da P si traccia la parallela alla linea di terra che incontra la diagonale in Q.
- Da Q e da P si tracciano le perpendicolari alla linea di terra, che la intersecano rispettivamente in A e in B.
- Si uniscono A e B al punto centrico O ottenendo i trasformati di QA e PB.
- Il segmento AO interseca la diagonale degradata in un punto Q', trasformato di Q.
- Si traccia infine da Q' la parallela alla linea di terra che incontra BO in un punto P', trasformato di P.

6.4 Le alzate in Piero della Francesca

Piero della Francesca espone un suo metodo, leggermente diverso rispetto a quello di Alberti, per disegnare le alzate, cioè le proiezioni di segmenti verticali dei quali si conosca l'altezza reale e la posizione z sul piano di base.

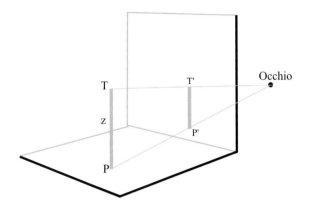

Metodo delle alzate in Piero della Francesca

- Si costruisce l'immagine P' di P sul quadro attraverso la trasformazione omologica.
- Si congiunge P' con A fino a incontrare in H la linea di terra.
- Si riporta in scala l'altezza reale z = PT sul bordo del quadro a partire dalla linea di terra.

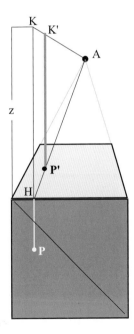

- Si costruisce su H un segmento verticale HK uguale a Z.
- Si congiunge K con A e da P' si traccia la parallela P'K' a HK. Il punto K'. così trovato è la proiezione di T sul quadro.

Volendo dimostrare che P'K' è la giusta degradazione di PT, cioè che, nella scala del quadro, T' si colloca in K', intersechiamo, nella situazione reale, il segmento PT (o il suo prolungamento) col piano dell'orizzonte. Abbiamo un punto Q e il corrispondente Q' sul segmento P'T'.

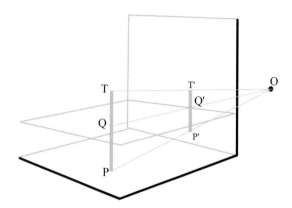

Per il teorema del dardo risulta PQ : QT = P'Q' : Q'T'.

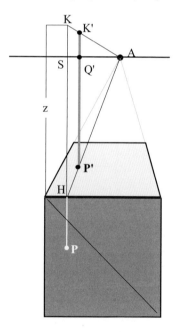

D'altra parte, nella scala del quadro, PT = HK per costruzione, HS = PQ è l'altezza dell'occhio dal piano di terra e quindi, nella scala del quadro, QT = SK. Da ciò si ricava che PQ : QT = HS : SK, e quest'ultimo rapporto vale, applicando ancora il teorema del dardo, P'Q' : Q'K'.
Ne segue che P'Q' : Q'T' = P'Q' : Q'K' e quindi K' = T'.

6.5 Le equazioni della proiezione

Il metodo della trasformazione omologica che abbiamo sopra esposto risolve sinteticamente il problema di trovare l'immagine P' sul quadro di un qualunque punto P del piano di base.

Volendo usare in alternativa strumenti analitici, fissiamo degli assi di riferimento nel piano di base come si vede in figura:

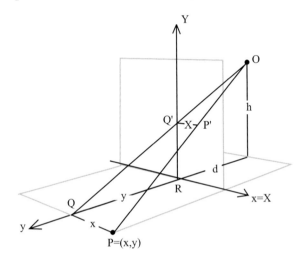

prendendo come asse x la linea di terra e come asse delle y la retta per L (la proiezione ortogonale di O sul piano di base) perpendicolare alla linea di terra. Come asse delle ascisse nel piano del quadro prendiamo ancora la linea di terra e come asse delle ordinate la perpendicolare per R, dove R è l'intersezione tra x e y. Un punto P del piano di base sarà individuato dalle coordinate x = PQ e y = QR, mentre nel piano del quadro, il suo corrispondente P' sarà individuato dalle coordinate x' = P'Q' e y' = Q'R. La x' non è altro che la degradazione del segmento PQ parallelo al quadro che abbiamo già calcolato nel teorema del degrado di grandezze parallele, mentre y' = QR, dato il modo in cui sono state fissate le coordinate, risulta immediatamente dalla similitudine dei triangoli Q'RQ e OLQ:

$$QR : RQ' = QL : LO.$$

Passando alla misura dei segmenti abbiamo le formule:

$$\begin{cases} X = \dfrac{d}{y+d}\, x \\ Y = \dfrac{h}{y+d}\, y \end{cases}$$

che permettono di trovare l'immagine sul quadro di un qualunque punto P del piano di base. Le formule trovate mantengono la loro validità, come è facile veder, anche quando il punto P = (x, y) non sia posto nel primo quadrante, quando cioè x e y assumono valori negativi.

Ricavando dalla seconda equazione la y in funzione della y' e sostituendo il valore trovato nella prima equazione abbiamo le equazioni della trasformazione inversa:

$$\begin{cases} x = \dfrac{h}{h-Y}\, X \\ y = \dfrac{d}{h-Y}\, Y \end{cases}$$

Queste equazioni di trasformazione permettono di sviluppare molti esercizi di geometria analitica e sui limiti. Ad esempio, si può proporre lo studio di ciò che succede quando la profondità y tende all'infinito.

Esercizi

1 – Usando i sistemi di coordinate che abbiamo introdotto precedentemente trovare come si proietta su un piano verticale una parabola orizzontale di equazione $y = x^2$ se viene vista da una distanza di 4 m a una altezza di 2m –

L'esercizio può suscitare una interessante discussione se si cerca di prevedere la risposta prima di fare il calcolo algebrico.

Svolgimento

Le coordinate (x,y) del punto P verificano l'equazione della parabola se e solo se $y = x^2$ e quindi le corrispondenti coordinate (x',y'), calcolate con le formule precedenti (con d = 4 e h = 2) debbono verificare l'equazione

$$\frac{4Y}{2-Y} = \left(\frac{2X}{2-Y} \right)^2$$

cioè $X^2 + Y^2 - 2Y = 0$ che si riconosce essere una circonferenza di centro (0,1) e raggio 1. La parabola è dunque vista come una circonferenza! Se la posizione dell'occhio è generica e se h è la sua altezza e d la distanza dal quadro, allora con un calcolo algebrico un po' più complicato si trova che la parabola viene vista come una ellisse tangente alla linea dell'orizzonte y = h inscritta in un rettangolo largo √d come in figura

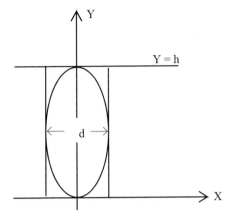

2 – (Sulle alzate). Usando i sistemi di coordinate che abbiamo introdotto precedentemente trovare le coordinate di T' trasformato di T, estremo superiore di un segmento verticale PT, con P = (x,y) –

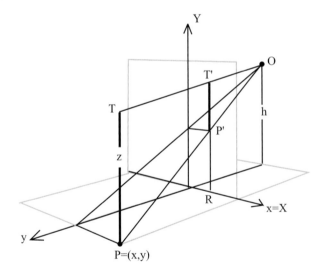

Svolgimento

Il problema delle alzate si risolve agevolmente dal momento che un segmento verticale è parallelo al quadro e quindi degrada seguendo il Teorema XIII del degrado di grandezze parallele al quadro: se z è l'altezza di un segmento PT verticale appoggiato al piano orizzontale nel punto P = (x,y) la sua degradazione P'T', in funzione della posizione dell'occhio è data da:

$$z' = \frac{dz}{d+Y}.$$

Per calcolare l'ordinata Y del punto T' nel riferimento X,Y del quadro dovremmo aggiungere a z' la quantità P'R, cioè l'ordinata del punto P' data da hy/(d + y). In definitiva il punto T si trasforma nel punto T' le cui coordinate sono date da:

$$\begin{cases} X = \dfrac{dx}{y+d} \\ Y = \dfrac{hy+dz}{y+d} \end{cases}.$$

3 – (Sul degrado di grandezze parallele al quadro). Su un quadro realizzato secondo le regole prospettiche stabilite in questo paragrafo sono stati disegnati due persone X_1 e X_2 che rappresentano due figure uguali di altezza $x_1 = x_2$ poste a distanza diversa –

Sapendo che la persona più lontana X_2 è stata disegnata alta la metà di quella più vicina, supponendo che l'occhio sia a una distanza di 4 metri dal quadro e che la persona più vicina sia a una distanza di 10 metri dal quadro, qual è la distanza tra le due figure?

Svolgimento

Sia a la distanza incognita tra le due persone. Poiché le persone sono schematizzate da segmenti verticali (che sono quindi paralleli al piano del quadro) possiamo applicare il teorema precedente:

$$X_1 = \frac{dx_1}{d+y} = \frac{4x_1}{14} \text{ e } X_2 = \frac{dx_2}{d+y} = \frac{4x_1}{14+a}.$$

Poiché $X_1 = 2 X_2$ e $x_1 = x_2$ abbiamo, passando ai rapporti,

$$2 = \frac{X_1}{X_2} = \frac{14+a}{14}$$

e quindi a = 14 metri.

4 –   Abbiamo due binari paralleli e perpendicolari al quadro e delle traversine distanti 50 cm l'una dall'altra. Supponiamo che nel quadro siano state disegnate come in figura:

La prima traversina è sulla linea di terra ed è stata disegnata lunga 10 cm. La seconda come in figura è stata disegnata lunga 9 cm. A che distanza dal quadro si trova l'occhio? Di che lunghezza devono essere disegnate le altre traversine. Dopo quante traversine se ne ottiene una più piccola di un centimetro? –

Svolgimento

Sia k il fattore di scala che fa passare dalle dimensioni reali sul piano **Q** dove avviene la proiezione, a quelle del quadro. La prima traversina ha la lunghezza reale x = 10k perché si trova sulla linea di terra. La seconda traversina degrada nella lunghezza x' = 9k. La distanza d tra l'occhio e il quadro è incognita mentre la distanza y della seconda traversina dal quadro è di 50 cm, dato che la prima si trova sulla linea di terra. Abbiamo quindi, applicando il Teorema XIII,

$$9 = \frac{d}{d+50} 10$$

e quindi la distanza d dell'occhio dal quadro è di 450 cm.

L'nesima traversina risulterà sul quadro lunga xn cm e quindi la sua degradazione reale su **Q** sarà

$$\frac{450}{450+50n}10 = \frac{90}{9+n}$$

e quindi sarà più piccola di un centimetro per n > 81.

5 – Il trapezio seguente rappresenta un quadrato degradato di base AB. Determinare graficamente la posizione dell'occhio

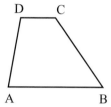

Svolgimento

Si ricostruisce il procedimento indicato nella costruzione C partendo dal risultato:

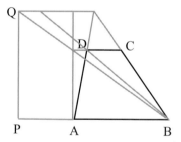

PA è la distanza dell'occhio dal quadro e QP la sua altezza sul piano orizzontale di AB. L'esercizio mostra che più la base minore è piccola e più l'occhio è vicino al quadro.

Interessanti esercizi si trovano anche nel testo di Piero della Francesca (*Libro I, dal XVI capitolo al XXIX*) che aveva sicuramente una chiara funzione didattica. In particolare dal Cap. XVI al Cap. XXIX del primo libro, Piero applica l'omologia per degradare diverse figure poligonali poste sul piano di terra. Nel *Libro II* le costruzioni di Piero realizzano figure più complesse tridimensionali, alcune delle quali sono accompagnate, nel CD, da animazioni interattive.

7 La geometria proiettiva

Le esigenze pittoriche portano a indagare il processo di trasformazione che interviene nella riproduzione di una scena visiva su una tela o su una parete, che consiste nella proiezione di un semipiano, quello visto, sul piano del quadro. Una trattazione matematica di questa trasformazione però non ha motivo di fermarsi al semipiano, e ha tra i suoi scopi quello di studiare in modo non parziale la proiezione di tutto un piano P su un piano Q. Questo studio ha portato chiaramente in luce la necessità di ampliare il concetto classico di piano euclideo e di introdurre nuovi elementi che permettano di definire adeguatamente la trasformazione proiettiva. Gli ampliamenti introdotti, opportuni e risolutori, non sempre permettono però di coniugare la trattazione astratta con l'intuizione, in una esposizione generale e rigorosa.

Dato il carattere di questo testo, che non prevede una completa trattazione formale della geometria proiettiva, ma vuole solo coglierne aspetti particolari legati al mondo della visione, faremo attenzione al recupero degli aspetti intuitivi delle questioni in gioco e del modo nel quale sono state risolte, facendo ricorso ad esempi tratti dalla geometria della visione diretta e dalla rappresentazione prospettica[1]. Si crea infatti, attraverso il ripetuto uso di animazioni tridimensionali e di esercizi grafici, una crescita della capacità di simulazione mentale, che mette in grado di costruire su quelle immagini i giusti legami topologici, spesso tutt'altro che intuitivi, che stanno alla base delle trasformazioni proiettive. Cerchiamo in questo modo di ovviare alle difficoltà che sorgono nella didattica tradizionale, nella quale questo passaggio viene ostacolato dalla natura non intuitiva della trattazione e dalla povertà del corredo di immagini adeguate.

La geometria proiettiva, l'ultima "geometria della visione" proposta in questa trattazione, dovrebbe produrre negli studenti un salto di astrazione qualitativamente molto alto. Gli strumenti matematici già acquisiti dovrebbero ora concorrere alla costruzione di una nuova struttura astratta, un nuovo modello mentale e matematico attraverso il quale reinterpretare il materiale precedente per raggiungere più elevati gradi di comprensione.

---

[1] Per una trattazione completa e formale della geometria proiettiva elementare si può consultare il classico volume di F. Enriques, *"Lezioni di geometria proiettiva"*, Zanichelli, 1904.

7.1 I punti all'infinito e il piano proiettivo

Abbiamo visto ormai ampiamente come la proiezione del semipiano di base **P** sul piano **Q** del quadro effettuata da un punto nel quale è posto l'occhio, avvenga tramite l'intersezione tra il quadro e il raggio visivo, segmento che unisce l'occhio con il punto P del piano da trasformare. Il punto Q che ne risulta è il trasformato di P

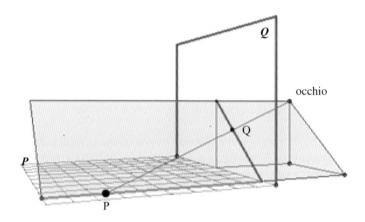

Tra i punti si crea un legame "uno ad uno": un punto del quadro cioè viene associato a un solo punto semipiano che gli sta di fronte. Seguendo come esempio la situazione descritta in figura, della quale si trova un'animazione nella **scheda Gli albori della geometria proiettiva** § 4, possiamo vedere come la retta di profondità r si trasformi in tal modo nel segmento che dal punto comune sulla linea di base converge al punto centrico. Questo avviene per ogni altra retta del piano di base parallela ad r. Più il punto si allontana sulla retta stessa, tendendo all'infinito, più il suo trasformato si avvicina al punto centrico.

Nel punto centrico però questa legge associativa si spezza: esso infatti non risulta immagine di alcun punto del semipiano di base, dal momento che il raggio visivo per il punto centrico è ad esso parallelo. Possiamo allora dire che nella proiezione di un piano di base euclideo, la convergenza delle immagini delle rette di profondità al punto centrico avviene solo "in potenza", cioè il punto centrico non viene mai effettivamente, "attualmente" raggiunto.

Vogliamo ora completare l'associazione, accogliendo e rispettando anche ciò che la continuità della situazione geometrica suggerisce. Occorre aggiungere in P un elemento che si possa associare al punto centrico in modo che il processo di convergenza sopra descritto trovi in questo modo fine, diventi una convergenza "attuale". Questo scopo viene raggiunto in modo naturale aggiungendo al piano euclideo un "**punto all'infinito**" da associare al punto centrico. Questo punto all'infinito appartiene a tutte le rette di profondità, dal momento che la trasformazione è "uno a uno", e viene identificato con la loro direzione[2], caratteristica effettivamente comune alle rette parallele. Ogni retta tende in questo modo a un punto all'infinito a cui tendono tutte le sue parallele, e si rende coerente il loro convergere, nella trasformazione, ad uno stesso punto centrico.

L'identificazione di una "direzione" con un "punto" e l'aggiunta di questo punto al piano euclideo, è il primo passo nella creazione di un piano proiettivo. Questa creazione si completa individuando tutte le direzioni possibili nel piano e quindi tutti i punti all'infinito, e definendo l'insieme di questi punti (o, è lo stesso, di queste direzioni) come "**retta all'infinito**".

Diamo ora le definizioni formali dei nuovi elementi introdotti.

Definizione di punto all'infinito – Chiamasi punto all'infinito di una retta la sua direzione –

Definizione di retta all'infinito – Chiamasi retta all'infinito di un dato piano l'insieme di tutti i suoi punti all'infinito –

Definizione di piano proiettivo[3] – Chiamasi piano proiettivo il piano euclideo completato con i punti (e la retta) all'infinito –

Dobbiamo al matematico G. Desargues, vissuto nella prima metà del XVII secolo l'idea rivoluzionaria della definizione e dell'introduzione dei punti all'infinito.

Nella nuova concezione di Desargues è lecito affermare che ogni coppia di rette ha un punto in comune. Questa cosa non è vera nel piano euclideo, nel quale solo le rette non parallele incidono tra loro. L'insieme delle rette che hanno un dato punto in comune viene chiamato da Desargues ordonnance des droites, tradotto, nella terminologia moderna, in fascio di rette.
Si usa oggi distinguere i fasci propri, che hanno in comune un punto "al finito", formati quindi da rette con direzioni diverse, dai fasci impropri le cui rette sono parallele e hanno in comune il punto all'infinito individuato dalla loro comune direzione.

---

[3] Preferiamo in questo contesto usare il termine piano proiettivo anziché il termine tecnico piano affine (reale) completato perché ci pare che rispecchi meglio la geometria che si vuole esprimere. La differenza tra i due concetti consiste nel fatto che nel piano proiettivo non si fa più differenza tra punti al finito e punti all'infinito, cosa che invece si continua a fare nel piano affine completato.

Nella figura seguente abbiamo a sinistra un fascio proprio, mentre a destra sono raffigurate prospetticamente tre rette di un fascio improprio.

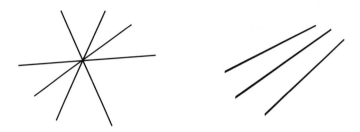

7.2 Trasformazioni tra piani proiettivi

Abbiamo visto come una trasformazione conforme tra due piani *P* e *Q* possa realizzarsi disponendo i due piani nello spazio paralleli tra loro e proiettando da un punto O i punti dell'uno nei punti dell'altro. Questa trasformazione conserva angoli e rapporti e dilata o contrae una figura di un coefficiente costante. Tale coefficiente k è dato dal rapporto tra le distanze dell'occhio dai due piani.

Nel caso in cui i due piani non siano paralleli la situazione cambia radicalmente: angoli e rapporti non si conservano e anzi accade che distanze infinite diventino finite e viceversa. Questa circostanza è ormai familiare nel disegno prospettico.

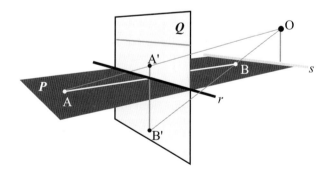

Nell'approccio matematico alla trasformazione, come abbiamo detto si vuole estendere la proiezione a tutto il piano P, cioè anche ai punti del piano che stanno dietro l'occhio. Esplorando per punti la situazione ed aiutandoci con la figura animata nella **scheda Immagini della geometria proiettiva §1**, possiamo trarre qualche conclusione:

- i punti B che stanno nella striscia di piano compresa tra le rette r (comune ai due piani) ed s (dove il piano per O parallelo a *Q* incontra *P*), si proiettano in punti B' che stanno "sotto" il quadro.
- I punti di s che stanno "sotto i nostri piedi" non hanno alcuna immagine in *Q* poiché il raggio proiettante diventa parallelo a *Q* e dunque, al finito, non arriva ad incontrarlo.

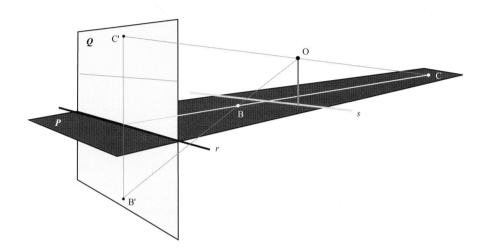

- I punti C che stanno "dietro" l'occhio si proiettano in punti C' che stanno sopra l'orizzonte e, paradossalmente, man mano che due punti A e C si allontano in profondità nella stessa direzione ma in due versi opposti, le loro proiezioni A' e C' tendono ad avvicinarsi e, quando sia A che C sono a distanza infinita, le loro immagini A' e C' vanno a coincidere sulla linea dell'orizzonte. L'equivalente analitico di questa circostanza geometrica è che

$$\lim_{y \to +\infty} \frac{hy}{y+d} = \lim_{y \to -\infty} \frac{hy}{y+d} = h$$

come risulta calcolando con le formule ricavate nel Cap. 6, § 5 le degradazioni delle profondità per y tendente a più infinito ("avanti") e per y tendente a meno infinito (" indietro").

Come abbiamo visto, dunque, il piano *P* resta diviso dalle rette *r* (di intersezione tra *P* e *Q*) e *s* (dove il piano parallelo a *Q* per O interseca *P*) in tre zone: (a), (b), (c), che si proiettano in altrettante zone (a'), (b'), (c'), di *Q*. Nella figura seguente abbiamo disposto i piani uno accanto all'altro evidenziando le zone corrispondenti.

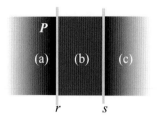 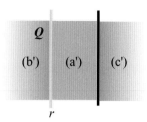

Per capire meglio questa proiezione, di grande importanza in quest'ambito, prendiamo un punto T nella zona (a) del piano *P*, facciamolo muovere verso destra lungo una retta *t* perpendicolare a r e seguiamo passo passo la sua immagine T' sul piano *Q*. Muovendo il punto T, consideriamo i raggi OT, che individuano in *Q* il suo trasformato T':

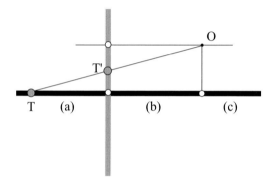

Se T si muove da sinistra a destra nella zona (a) il corrispondente T' scende verso il basso, quando T taglia la retta *r* in R anche T' taglia nello stesso punto r, che è la retta fissa. Ora T è nella zona (b) e T' scende sempre più in basso. Quando T si avvicina ad S, T' scende all'infinito e quando T supera S, T' cala dall'alto al basso avvicinandosi a C man mano che T si allontana nella zona (c).

La corrispondenza può essere descritta molto efficacemente se si realizza una animazione nella quale il punto T e il suo corrispondente T' si muovono insieme. Quando T oscilla passando dalla zona (b) alla zona (c) attraverso S il punto T' sparisce verso il basso per riapparire in alto, come se all'infinito la semiretta che si sviluppa in alto si saldasse a quella che si sviluppa verso il basso.

Possiamo ora vedere i vari modi nei quali si proietta un segmento AB su una data retta r non parallela ad AB.

Se l'occhio si trova nella posizione descritta nella figura seguente e cioè nel semipiano superiore definito dalla parallela a r per B, il segmento AB si proietta in un segmento A'B' che, a parte le dimensioni, è sempre un segmento.

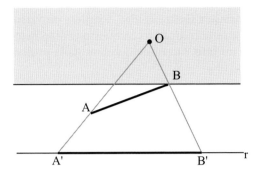

Se l'occhio si trova sulla retta parallela a r per B,

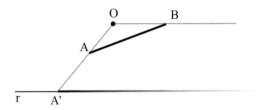

il punto B si proietta nel punto all'infinito di r e il segmento AB in una intera semiretta.

Supponiamo ora che l'occhio si trovi nella striscia di piano compresa tra le parallele a r per B e per A come nella figura

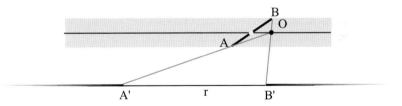

In questo caso un punto del segmento AB si proietta all'infinito e il segmento si trasforma in due semirette allineate.

7.3 Gli oggetti geometrici nel piano proiettivo

L'aver aggiunto alla retta un solo punto all'infinito (coerentemente con il fatto che una sola è la sua direzione) la modifica in una maniera che rende difficile immaginarne il risultato finale.

Possiamo, per cominciare a fissare le idee, scegliere un verso di percorrenza e ordinare i punti della retta indicando, in questo ordinamento, la collocazione del nuovo punto all'infinito, facendoci guidare dalla proiezione centrale che abbiamo preso a modello.

M   A   P

Se scegliamo il verso di percorrenza da sinistra a destra e partiamo dal punto A allora nell'ordine incontriamo A, poi P poi il punto all'infinito poi M e poi di nuovo A secondo un percorso che, con l'aggiunta del punto all'infinito, diventa circolare. Se scegliamo invece come verso di percorrenza quello da destra a sinistra e partiamo da A, allora l'ordine dei punti diventa A, M, punto all'infinito, P e di nuovo A.

L'aver dato un criterio per poter "piazzare" nel giusto modo il punto all'infinito all'interno di un percorso, non rende la retta proiettiva più facilmente immaginabile, ma rende possibile descrivere gli oggetti geometrici usuali che, una volta che siano immersi nel piano proiettivo, acquistano in esso nuove fisionomie. La loro geometria va in un certo senso riscritta da capo o reinterpretata, perché questi oggetti, che nel piano euclideo non potevano che essere interamente composti da punti "al finito", ora possono anche contenere uno o più punti all'infinito.

Fissiamo una volta per tutte il verso di percorrenza da sinistra a destra e diamo di seguito la definizione e la descrizione nel piano proiettivo dei primi semplici oggetti geometrici: il segmento e il triangolo.

Il segmento proiettivo

Un segmento AB del piano proiettivo è l'insieme dei punti della retta passante per A e per B, compresi tra i due estremi assegnati.

Passiamo in rassegna i vari tipi di segmenti, distinguendoli a seconda che il punto all'infinito faccia parte o meno del segmento stesso:

- il segmento AB è tutto "al finito", cioè non contiene il punto all'infinito

A   B

- il segmento AB ha un estremo all'infinito, l'estremo B per esempio.

A   B

- il segmento AB contiene il punto all'infinito interno ad A e B

B   A

- il segmento AB ha entrambi gli estremi all'infinito.
  In questo caso il segmento non ha nessun punto al finito perché la retta che passa per A e B è la retta all'infinito e il segmento è parte di questa retta.

Il triangolo proiettivo

Un triangolo del piano proiettivo è dato, per definizione, da tre punti A, B, C non allineati, detti vertici del triangolo, e da tre segmenti c = AB, a = BC, b = CA, detti lati.

In un triangolo proiettivo sia i vertici che i lati possono contenere punti all'infinito. Poiché i punti all'infinito sono tutti contenuti nella retta all'infinito, è più comodo allora esaminare i vari tipi di triangolo secondo la loro posizione rispetto alla retta all'infinito.

Nelle figure seguenti, raffiguriamo a sinistra solo la posizione del triangolo rispetto alla retta all'infinito e a destra invece il disegno del triangolo quando i suoi punti all'infinito siano effettivamente rappresentati come tali. In questi disegni ci riferiamo solo alla forma qualitativa della figura e non all'ampiezza degli angoli o alla lunghezza dei lati.
Ecco separatamente le varie situazioni.

- La retta all'infinito è esterna al triangolo.

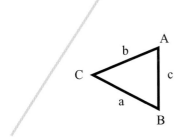

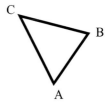

In questo caso il triangolo, non avendo punti all'infinito appare come un "normale" triangolo.

- La retta all'infinito interseca il triangolo in un suo vertice.

Supponiamo che il vertice all'infinito sia il punto C. In questo caso il lato a e il lato b si incontrano all'infinito e sono quindi paralleli. Il lato BC è tutto al finito e quindi si rappresenta come un normale segmento.

- La retta all'infinito interseca il triangolo in due punti che non sono vertici.

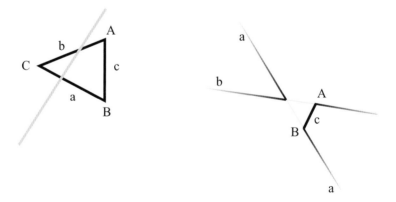

Il triangolo ha i tre vertici al finito, il lato c tutto al finito, mentre il lato a e il lato b contengono ciascuno un punto all'infinito. La sua forma è descritta nella figura di destra.

- La retta all'infinito interseca il triangolo in due punti, uno dei quali è un vertice del triangolo.

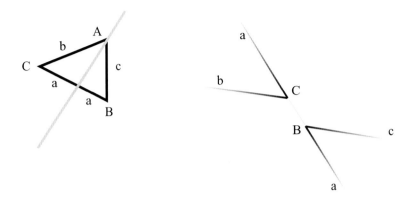

Il vertice A comune ai lati b e c è all'infinito quindi questi lati sono paralleli ma su rette diverse; è anche all'infinito un punto del lato BC. La situazione si presenta come nella figura di destra.

- La retta all'infinito contiene un lato del triangolo.

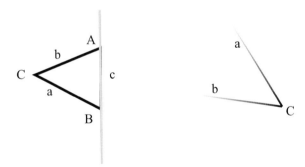

Il lato c = AB è tutto all'infinito, il punto C è il solo vertice al finito del triangolo. Il triangolo ha la forma indicata a destra, i lati a e b del triangolo sono segmenti con un estremo all'infinito.

Usando la proiezione centrale di un piano orizzontale *P* su un piano verticale *Q*, possiamo concretamente visualizzare i casi che abbiamo sopra studiato in dettaglio. Nella citata **scheda Immagini della geometria proiettiva** §1, sono illustrate varie situazione graduate via via più complicate.

Consideriamo ad esempio il caso, trattato sopra, in cui un triangolo sul piano *P* abbia due lati che intersecano la retta s. I due punti su quei lati si proiettano in due punti all'infinito distinti e il triangolo si "apre" come mostra la figura seguente che coincide con quella che abbiamo trovato precedentemente.

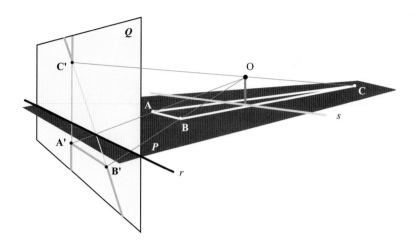

 È didatticamente utile mostrare questa situazione con molti esempi, alcuni dei quali sono dettagliatamente descritti nella **scheda Immagini della geometria proiettiva §1** e altri possono essere costruiti dall'insegnante. Questo tipo di indagine risulta molto utile nell'abituare lo studente a immaginare come si trasforma una figura spostandola in vari modi sul piano **P**. Esercizi simili possono essere proposti per altri poligoni. Se si pensa poi che un poligono è l'approssimazione di un cerchio, questo esercizio aiuta a vedere le coniche in rapporto al loro comportamento con la retta all'infinito. Può essere utile quindi far eseguire questo tipo di esplorazione anche per le circonferenze, chiedendo di disegnare sul piano Q in modo qualitativo la proiezione della circonferenza a seconda dalla sua posizione rispetto alla retta che si proietta nella retta all'infinito.

Proponiamo ora una serie di esercizi svolti sui quadrati.

Esercizi sul quadrato, in rapporto ai punti all'infinito

1   –   Consideriamo un quadrato con due vertici all'infinito come nella figura (la retta all'infinito è BD). Fare uno schizzo del quadrato disegnando i suoi punti all'infinito come tali –

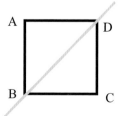

Soluzione

I punti A e C sono al finito, i lati AB e CB hanno in comune un punto B all'in-finito e quindi sono paralleli; il lato AD e CD hanno in comune un punto D all'infinito e quindi sono paralleli. Il risultato che si ottiene è quello rappre-sentato dalla figura seguente:

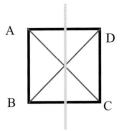

2 – Consideriamo un quadrato con due punti all'infinito come nella figura (la retta all'infinito è la perpendicolare al lato AD)

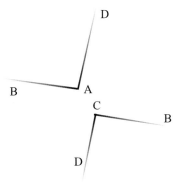

I tre disegni seguenti non sono una corretta rappresentazione del quadrato e dei suoi punti all'infinito. Commentare i motivi di esclusione.

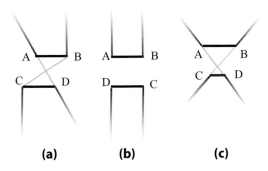

(a)   **(b)**   **(c)**

Soluzione

La proposta (a), è errata perché il segmento BC ha un punto interno all'infinito e deve quindi avere la forma di destra e non quella di sinistra:

La proposta (b) è errata perché AD e BC sono paralleli e il quadrato rappresentato in figura avrebbe un solo punto all'infinito mentre nel caso proposto ne ha due distinti: uno sul lato AD e l'altro sul lato BC.

La (c) è errata perché le diagonali AC e BD si incontrano all'infinito e quindi dovrebbero essere parallele mentre si vede che nella nostra rappresentazione i segmenti AC e BD se prolungati si incontrano al finito.
Quale è una possibile soluzione?

7.4 Lo spazio proiettivo e il teorema di Desargues

Nello stesso modo in cui abbiamo ampliato un piano aggiungendo la retta all'infinito, possiamo ampliare lo spazio aggiungendo un "piano all'infinito". Basta, a questo scopo, dato che ogni piano proiettivo dello spazio ha una sua retta all'infinito, considerare l'insieme di tutte queste rette come il nuovo **"piano all'infinito"**. La spazio così costruito si chiama **spazio proiettivo**. In questo spazio le proprietà più semplici della geometria, quelle che non riguardano né angoli né distanze, ma che riguardano la posizione reciproca di punti, rette e piani, si possono prendere in esame senza dover più distinguere il "caso parallelo" da quello incidente. È tutto presente "in atto", anche l'infinito. Queste **proprietà**, dette **grafiche**, sono molto importanti perché esse non cambiano con operazioni di proiezione. Cominciamo ad elencarne alcune:

- due piani distinti hanno sempre una retta in comune, al finito se i due piani non sono paralleli, all'infinito se sono paralleli
- una retta e un piano hanno sempre un punto comune, al finito se la retta non è parallela al piano, all'infinito nel caso contrario
- tre piani che non facciano parte di un fascio, cioè che non abbiano in comune una retta, si incontrano sempre in un punto, che è il punto dove la retta intersezione dei primi due piani incontra il terzo. Tale punto può essere al finito, come nel caso di una piramide, o all'infinito, come nel caso di un prisma.

Esponiamo ora un teorema grafico, un teorema cioè che esplicita conseguenze grafiche relative a determinate configurazioni. Si tratta del celebre teorema di Desargues, un risultato molto profondo e con importanti conseguenze nella prospettiva e nella geometria proiettiva.

Premettiamo la seguente definizione:

Definizione di triangoli omologhi – Due triangoli si dicono omologhi se è possibile associare i vertici dell'uno a quelli dell'altro, A ad A', B a B', C a C' in modo che le rette AA', BB', CC' siano convergenti in un punto O –

Poiché un triangolo è definito da tre punti (i suoi vertici) A, B, C non allineati, questi individuano univocamente un piano, il piano nel quale il triangolo è tracciato. Sia dunque *P* il piano del primo triangolo e *Q* quello del secondo triangolo. I due triangoli sono dunque omologhi se uno è proiezione dell'altro dal punto O, o equivalentemente, se sono due sezioni piane diverse di una stessa piramide di vertice in O, o ancora, se sono traguardati da un determinato punto di vista in modo che l'uno copra esattamente l'altro.

La nozione di triangoli omologhi, come si può facilmente capire, è molto importante nella geometria della visione, se pensiamo che attraverso i triangoli possiamo decomporre e studiare figure molto più complesse. La nozione di triangoli omologhi resta valida e di grande interesse anche nel caso che i due piani P e Q siano sovrapposti.

Il teorema di Desargues fornisce un criterio molto semplice per sapere se due triangoli siano omologhi o no.

Teorema di Desargues – Due triangoli sono omologhi se e solo se i lati corrispondenti, se prolungati, si incontrano in punti allineati –

La dimostrazione, nel caso in cui i triangoli sono su piani distinti è semplice ed intuitiva. Essa è un ottimo esercizio per sviluppare l'immaginazione tridimensionale.

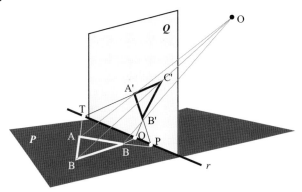

Dimostrazione

Caso diretto

Supponiamo per ipotesi che i triangoli siano omologhi. In questo caso siamo riusciti ad ordinare i loro vertici in modo che le rette AA', BB', CC' convergano verso un punto O. Il lato AB del primo triangolo e quello corrispondente A'B' del secondo si trovano sul piano contenente la faccia della piramide OAB.

Poiché in un piano due rette hanno sempre un punto (eventualmente all'infinito) in comune, esse si incontrano. Sia P questo punto. Nello stesso modo, ragionando sulle altre facce della piramide, troviamo il punto Q come intersezione di BC e B'C' e il punto T come intersezione di AC e A'C'. Non ci resta che dimostrare che questi tre punti sono allineati.

Questo si vede facilmente dal momento che il piano *P* che contiene il triangolo ABC, essendo diverso dal piano *Q* che contiene il triangolo A'B'C' dovrà incontrarlo lungo una retta (eventualmente all'infinito). Su questa retta sono situati i tre punti P, Q, T.

Infatti P, essendo sul prolungamento del lato AB, si trova sul piano *P* ed essendo anche sul prolungamento del lato A'B' si trova sul piano *Q* e dunque si trova sulla retta di intersezione dei due piani. Analogamente per gli altri due punti.

Caso inverso

Supponiamo per ipotesi che i vertici dei due triangoli siano stati ordinati in modo che i lati AB e A'B', BC e B'C', CA e C'A' si incontrino nei punti allineati P, Q, T rispettivamente. Dobbiamo dimostrare che allora le rette AA', BB', CC' sono convergenti.

Consideriamo i piani BAPA'B', e BCQC'B'. Questi piani sono diversi perché altrimenti i due triangoli ABC e A'B'C' sarebbero su uno stesso piano, contro l'ipotesi. Se i piani sono diversi essi si incontrano in una retta: la retta BB'.

Consideriamo ora il piano ACTC'A'. Questo piano non può passare per la retta BB' comune ai due piani precedenti, perché in questo caso come prima i triangoli sarebbero su uno stesso piano. I tre piani considerati, non avendo una retta in comune si intersecheranno in un punto: il punto O.

C. V. D.

Notiamo come gli ingredienti usati in questa dimostrazione siano solo di natura grafica e non metrica e come si sia fatto un uso continuo dei punti all'infinito che hanno consentito di trattare le intersezioni di rette e piani nello stesso modo se di fatto incidenti o paralleli.

La dimostrazione del teorema vale anche nel caso che i due triangoli stiano su uno stesso piano, ma è più complicata e ne omettiamo la dimostrazione[4], che

---

[4] I dettagli sono chiaramente esposti in F. Enriques, *"Lezioni di Geometria proiettiva"*, Zanichelli, 1904.

si ottiene costruendo fuori dal piano dei due triangoli un terzo triangolo che si proietti da due punti diversi nei due triangoli piani dati.

Applicazioni del teorema di Desargues

Ci sono numerosi casi in cui il teorema di Desargues può risolvere aspetti particolari di problemi grafici. Di seguito ne daremo qualche esempio.

Esiste una difficoltà nell'applicare il teorema, che sta nel fatto che spesso i triangoli omologhi non sono dati, ma vanno individuati. Nella configurazione di 9 rette prevista dal teorema non è facile fare emergere una configurazione significativa nella quale si riconoscano i due triangoli omologhi.

Problema della costruzione dell'alzata

Nel capitolo precedente, seguendo il metodo di Piero della Francesca, per costruire l'alzata PQ di un segmento verticale del quale fosse nota la posizione P sul piano di terra degradato e l'altezza reale, si procedeva nel modo seguente: si congiunge P col punto centrico trovando il punto H sulla linea di terra; da H si alza la verticale HK corrispondente, nella scala del quadro, all'altezza reale del segmento, si congiunge K col punto centrico e si interseca questa retta con la verticale per P: il punto Q così ottenuto, come abbiamo visto fornisce la giusta alzata.

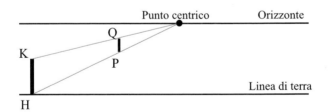

Il teorema di Desargues, come vedremo, ci permette di generalizzare la procedura dimostrando che il segmento PQ non dipende dalla particolare posizione di H e può essere costruito senza fare uso del punto centrico. Precisamente:
*   scegliamo un qualunque punto H' sulla linea di terra e riportiamo su H' il segmento H'K' uguale a HK corrispondente cioè alla reale altezza, nella scala del quadro, dell'alzata da costruire.
*   Congiungiamo H' con P fino a trovare la sua intersezione X con la linea dell'orizzonte.
*   Congiungiamo X con K' e da P alziamo la verticale fino ad incontrare K'X nel punto Q'.

Il segmento PQ' costruito in questo modo è uguale al segmento PQ costruito precedentemente a partire dal punto centrico.

Per dimostrare questo fatto a partire da P costruiamo i due triangoli

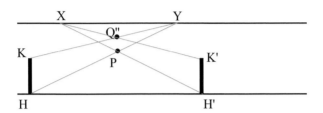

HKY e H'X K' con i lati HK e H'K' uguali e paralleli e la retta XY parallela alla retta HH', sia Q" il punto in cui si incontrano i lati KY e K'X. In questa situazione vogliamo dimostrare che il segmento PQ" è parallelo ai segmenti HK e H'K'. Questo significa ovviamente, nella situazione precedente, che i punti Q, Q' e Q" coincidono. Per vedere che il segmento PQ" è verticale applichiamo il teorema di Desargues ai triangoli HPH' e KQ"K', che disegnamo:

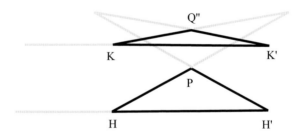

I lati corrispondenti HP e KQ" si incontrano in Y, H'P e K'Q" si incontrano in X, HH' e KK' si incontrano nel punto all'infinito dell'orizzonte perché HK e H'K' sono uguali e paralleli. Questi tre punti sono allineati sull'orizzonte, dunque i due triangoli sono omologhi. Le rette HK, H'K' PQ" passano allora per uno stesso punto. Poiché HK e H'K' sono verticali e parallele, il loro punto di intersezione, comune anche a PQ", è all'infinito e PQ" risulta anch'esso verticale.

Problema "dell'aquilone"

Tracciare un segmento che passi per un punto P assegnato e per il punto di intersezione dei prolungamenti di due segmenti pure assegnati.

Naturalmente il problema si pone quando il punto di convergenza dei due segmenti è molto lontano e non si può disegnare direttamente sul foglio o sul quadro. La figura seguente mostra i passi da compiere.

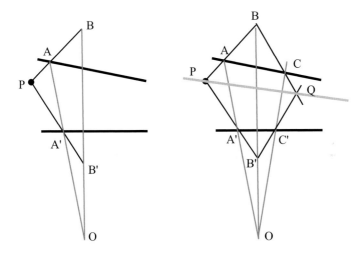

- Si fissa un punto A sulla prima retta e un punto A' sulla seconda retta e si tracciano le rette PA e PA'.
- Si fissa un punto B su PA e un punto B' su PA' in modo che la retta AA' e BB' si incontrino in un punto O come nella figura.
- Si prende un punto C sulla prima retta e lo si congiunge con O. Il punto dove la retta OC incontra la seconda retta è il punto C'.
- Si interseca BC con B'C' e si trova il punto Q.

Il segmento PQ risolve il nostro problema perché i triangoli ABC e A'B'C' sono omologhi e quindi, per il teorema di Desargues, PQ è allineato col punto di intersezione di AC e A'C'.

7.5 Le trasformazioni proiettive

Possiamo ora dare una definizione formale di trasformazione proiettiva o proiettività.

Definizione di proiettività – Consideriamo due piani proiettivi *P* e *Q*. Una **trasformazione proiettiva** (o **proiettività**) di *P* in *Q* è una trasformazione biunivoca, continua, che conserva l'allineamento –

Questa definizione usa il concetto di continuità di una trasformazione, concetto che, vista la natura di questo testo non verrà formalizzato dal punto di vista matematico poiché pensiamo che di esso se ne possa avere una qualche idea intuitiva alla quale ci riferiremo quando sarà usato nella dimostrazione del teorema fondamentale[5].

Un esempio molto significativo di trasformazione proiettiva è la proiezione centrale, perché con questa è possibile costruire ogni altra trasformazione: si può infatti dimostrare che ogni trasformazione proiettiva di un piano in un altro si ottiene eseguendo al più tre proiezioni centrali. Questo risultato, la cui dimostrazione esula dagli scopi di questo manuale, è estremamente importante perché riduce essenzialmente la teoria delle trasformazioni proiettive alla geometria delle proiezioni centrali, con tutto il suo alone di significati legati alle rappresentazioni prospettiche, alla pittura e alla geometria della visione diretta. Anche dal punto di vista analitico il teorema è di grande interesse perché le proiezioni centrali sono facilmente descrivibili in termini coordinate.

Possiamo infatti dire che, data una proiezione centrale di *P* in *Q*, è sempre possibile trovare un sistema di riferimento cartesiano (x, y) in *P* e un sistema di riferimento cartesiano (X, Y) in *Q*, in modo che la trasformazione abbia equazioni:

$$\begin{cases} X = \dfrac{d}{y+d}\,x \\ Y = \dfrac{h}{y+d}\,y \end{cases}$$

dove i parametri h e d fissano la posizione del centro di proiezione O. Queste equazioni e le loro inverse:

$$\begin{cases} x = \dfrac{h}{h-Y}\,X \\ y = \dfrac{d}{h-Y}\,Y \end{cases}$$

[5] Per rendere del tutto rigorosa la trattazione occorrerebbe riferirsi ad una definizione precisa di trasformazione continua di un piano proiettivo in un altro piano proiettivo e per questo occorrerebbe precisare la natura degli intorni dei punti dello spazio proiettivo ed in particolare degli intorni dei punti all'infinito che sono stati aggiunti. La topologia generale permette di dare una chiara e completa formalizzazione di questa questione: si comincia col definire la struttura topologica dello spazio proiettivo e solo a partire da questa si riesce a parlare concretamente di continuità. È questo un caso in cui la topologia generale diventa uno strumento indispensabile per sistemare in modo rigoroso questa materia.

sono state ricavate per descrivere le "degradazioni" di Piero della Francesca nel Cap. 6, § 5. Esse restano valide anche se i piani non sono perpendicolari tra loro dal momento che questa caratteristica non è stata mai utilizzata per calcolare le formule precedenti. Esse si estendono a tutto il piano proiettivo e in particolare ai suoi nuovi punti all'infinito mediante poche nozioni fondamentali sui limiti. Proponiamo per esercizio e in modo graduato questi sviluppi di natura analitica.

Esercizi analitici sui punti all'infinito

Proponiamo i seguenti esercizi risolti, per discutere, da un punto di vista analitico, su come si trasformano i punti all'infinito.

1   –   È data una proiettività di equazioni

$$\begin{cases} X = \dfrac{2x}{y+2} \\ Y = \dfrac{y}{y+2} \end{cases}.$$

Come si trasforma il punto all'infinito della bisettrice del primo quadrante?

Soluzione

La bisettrice del primo quadrante è la retta di equazione y = x. I punti di quella retta avranno dunque le coordinate (t, t) e quando t aumenta (o diminuisce) il corrispondente punto (t, t) si avvicina al punto all'infinito. Il punto (t, t) si trasforma nel punto

$$\begin{cases} X = \dfrac{2t}{t+2} \\ Y = \dfrac{t}{t+2} \end{cases}$$

che, per t tendente all'infinito, da una parte o dall'altra, tende al punto (2,1). Il punto all'infinito della bisettrice del primo quadrante si trasforma dunque nel punto (2,1).

2   –   È data una proiettività di equazioni

$$\begin{cases} X = \dfrac{2x}{y+2} \\ Y = \dfrac{y}{y+2} \end{cases}.$$

Come si trasforma il punto all'infinito della retta r: y = 3x +2 ?

Soluzione

Un punto generico della retta r ha coordinate (t, 3t + 2). questo punto si trasforma nel punto

$$\begin{cases} X = \dfrac{2t}{3t+4} \\ Y = \dfrac{t}{3t+4} \end{cases}$$

e dunque, al limite per t tendente a più (o meno) infinito troviamo (2/3,1/3).

3 – Data una generica trasformazione proiettiva di equazioni

$$\begin{cases} X = \dfrac{d}{y+d}x \\ Y = \dfrac{h}{y+d}y \end{cases}$$

trovare l'immagine del punto all'infinito della generica retta y = mx + q del piano P.

Soluzione

I punti della retta hanno coordinate (t, mt + q) e per t tendente a più (o meno) infinito questo punto tende al punto all'infinito di quella retta. Trasformando le coordinate con le equazioni della trasformazione troviamo

$$\begin{cases} X = \dfrac{dt}{mt+q+d} \\ Y = \dfrac{h(mt+q)}{mt+q+d} \end{cases}$$

e al limite per t tendente all'infinito abbiamo il punto del piano **Q** di coordinate

$$\left(\frac{d}{m}, h\right)$$

punto che dipende solo da m e non da q.

4 – Data una trasformazione proiettiva di equazioni

$$\begin{cases} X = \dfrac{x}{y+1} \\[2ex] Y = \dfrac{2y}{y+1} \end{cases}$$

calcolare l'equazione della trasformata della retta $y = x + 4$.

Soluzione

Per risolvere questo tipo di esercizio conviene considerare le equazioni della trasformazione inversa: esse sono

$$\begin{cases} x = \dfrac{2X}{2-Y} \\[2ex] y = \dfrac{Y}{2-Y} \end{cases}$$

e quindi l'equazione cercata sarà

$$\frac{Y}{2-Y} = 2\frac{2X}{2-Y} + 4$$

cioè $5Y = 4X + 8$.

Vari esercizi di questo tipo, ad esempio sulle coniche, possono essere proposti a seconda delle conoscenze di geometria analitica della classe.

7.6 Un caso particolare: l'omologia

Notiamo che le trasformazioni conformi rientrano, come caso particolare, nelle trasformazioni proiettive. Infatti i due piani che realizzano una trasformazione conforme, essendo paralleli, si intersecano nella retta all'infinito che resta fissa punto per punto durante la proiezione.

Così come nel caso delle trasformazioni conformi possiamo sovrapporre i piani ottenendo una trasformazione conforme di un piano *P* in se stesso, detta omotetia, nello stesso modo, nel caso di una trasformazione proiettiva, possiamo portare i piani *P* e *Q* a coincidere attraverso, ad esempio, una rotazione attorno all'asse r, ottenendo una trasformazione proiettiva di *P* in *P* con una retta fissa. Una tale trasformazione si chiama **omologia**. Più precisamente:

Definizione di omologia – Sia *P* il piano proiettivo. Una trasformazione di *P* in *P* si dice una **omologia** se è una trasformazione proiettiva e se ha una retta fissa. La retta fissa è detta asse dell'omologia –

Proprietà geometriche dell'omologia

Le proprietà geometriche dell'omologia sono facilmente deducibili da quelle delle trasformazioni proiettive.

1) *Ogni retta a parallela all'asse si trasforma in una retta a' parallela all'asse.*

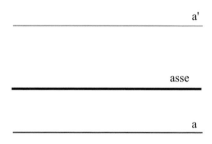

Una retta a parallela all'asse interseca l'asse nel suo punto all'infinito, la stessa cosa deve avvenire per la sua trasformata a' dal momento che l'asse è fisso punto per punto.

2) *Rette perpendicolari all'asse si trasformano in rette convergenti in uno stesso punto C.*

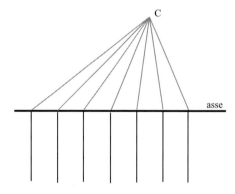

Le rette perpendicolari all'asse passano tutte per lo stesso punto all'infinito e dunque si trasformano in rette per C (l'immagine di tale punto all'infinito) e per il punto (fisso) nel quale la perpendicolare interseca l'asse.

3) *Noto l'asse e l'immagine di due punti, la trasformazione è interamente determinata.*

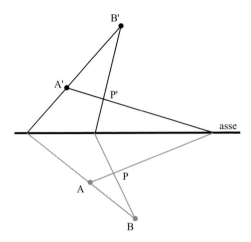

Se A e B sono due punti qualunque e A' e B' sono le loro immagini (queste immagini debbono comunque rispettare il fatto che le rette AB e A'B' si intersechino nell'asse), l'immagine di un qualunque punto P si ottiene seguendo la costruzione indicata nella figura.

4) *Se P' è l'immagine di P, le rette PP' convergono, al variare di P, a uno stesso punto O detto centro dell'omologia.*

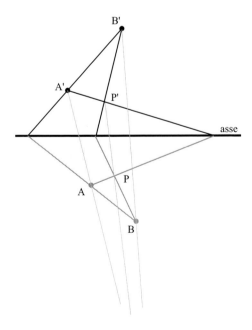

Riferendosi alla figura precedente si deve verificare che la retta PP' converge verso il punto di intersezione di AA' e BB', fatto che deriva dal teorema di Desargues applicato ai triangoli ABP e A'B'P'.

Possiamo riprendere qui la costruzione di Piero della Francesca e verificare come sia una omologia il cui asse è la linea di terra. La costruzione di Piero, trattata nel Cap. 6, §3, realizza la trasformazione prospettica dei punti del piano reale nei punti del piano degradato. Essa conserva l'allineamento e ha la linea di terra fissa punto per punto, e dunque è una omologia. Poiché l'omologia manda rette di un fascio in rette di un fascio, questa osservazione dimostra che nella costruzione di Piero tutte le diagonali convergono ai punti di distanza.

7.7 Il teorema fondamentale della geometria proiettiva

Teorema fondamentale della geometria proiettiva – Dati due piani proiettivi *P* e *Q*, una trasformazione proiettiva F di *P* in *Q* è univocamente determinata conoscendo l'immagine di 4 punti di *P* a tre a tre non allineati –

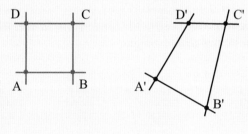

Diamo solo un'idea della dimostrazione del teorema che facilmente può essere formalizzata nel linguaggio rigoroso della matematica. In questa sede vogliamo mettere in luce gli aspetti costruttivi che ci saranno utili nelle applicazioni che abbiamo in programma. Nella **scheda Immagini della geometria proiettiva §3**, si possono trovare due animazioni in forma di filmato interattivo che illustrano i vari passi della costruzione che proponiamo nella loro genesi temporale.

Dimostrazione

Consideriamo un quadrangolo ABCD del piano *P* e siano A' B', C', D' le immagini dei 4 vertici. A partire da questo dato possiamo ricavare anche le immagini di altri punti sfruttando il fatto che la corrispondenza conserva l'allineamento.

Diciamo che un **punto** è **costruibile** (a partire dal quadrangolo iniziale A,B,C,D) se si ottiene come intersezione di rette passanti per punti già costruiti. Il punto P, ad esempio, intersezione delle diagonali, sarà un punto costruibile come anche i punti ottenuti intersecando i lati opposti del quadrangolo. Dei punti costruibili possiamo calcolare l'immagine, Il punto P, ad esempio avrà come immagine il punto P' ottenuto intersecando A'C' con B'D' il quale quindi è determinato univocamente da A', B', C', D'.

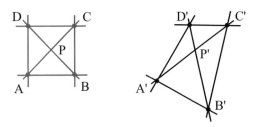

Il problema quindi si riduce a quello di costruire una maglia di punti costruibili che invada l'intero piano e che sia sempre più fitta.

Si può procedere nel modo seguente: dato il quadrangolo ABCD lo dividiamo in 4 parti (e dividiamo in quattro ogni divisione e la divisione delle divisione, e così via) infittendo arbitrariamente la rete. Possiamo anche, dato un quadrangolo aggiungerne un altro adiacente lungo uno qualunque dei lati e poi aggiungerne un altro adiacente a un lato e così di seguito fino a costruire una rete che arrivi a qualunque punto al finito o all'infinito del piano.

Facciamo vedere, ad esempio, come, a partire dal quadrangolo ABCD, possiamo costruire infiniti nuovi quadrangoli adiacenti e indirizzati verso l'alto.

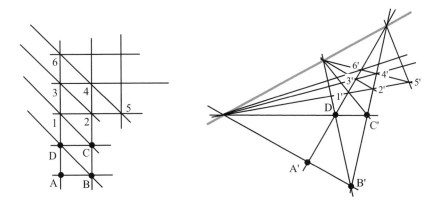

AD e BC si incontrano nel punto all'infinito della verticale che dunque è costruibile, AB e CD nel punto all'infinito della direzione orizzontale pure costruibile. La retta all'infinito e la sua immagine in **Q** è dunque costruibile a partire dai 4 punti iniziali. La diagonale BD incontra la retta all'infinito in un punto costruibile, la retta per C parallela ad BD è costruibile, ma allora è costruibile il punto 1 intersezione di quella diagonale con AD. Costruito il punto 1 possiamo costruire il punto 2 disegnando la parallela orizzontale (costruibile perché il punto all'infinito dell'orizzontale era stato costruito), da 2 possiamo con la diagonale trovare 3 e poi 4, ecc.

Questo per mostrare come si possano costruire, a partire dai 4 punti iniziali, infiniti altri punti, intersecando rette che passano per punti già costruiti. Si può dimostrare che in questo modo costruiamo una rete, un **insieme di punti del piano denso**, come si dice tecnicamente, un insieme cioè così fitto da approssimare quanto si vuole un qualunque altro punto del piano. In altre parole un insieme è denso, se per ogni punto P dell'insieme se ne può trovare almeno un altro vicino a P quanto si vuole.

In questo modo ogni punto del piano risulta limite dei punti della rete dei quali possiamo costruire l'immagine. Sfruttando la continuità della trasformazione possiamo costruire l'immagine di tutti i punti del piano, anche di quelli che non fanno parte della rete.

C. V. D.

Applicazioni del teorema fondamentale

Questo teorema e la sua tecnica dimostrativa ci aiutano nello studio prospettico di un dipinto. Se infatti riusciamo a ipotizzare la forma reale di un qualunque quadrangolo disegnato sul pavimento, a partire da quello possiamo ricostruire l'intera rete di una presunta proiettività tra il pavimento rappresentato e pavimento reale e verificare quindi la correttezza prospettica dello scorcio. Lo stesso può farsi su ogni altro piano rappresentato sul quadro.

Proponiamo un esempio (*La presentazione nel tempio*, una tempera di Beato Angelico, del 1432-34) di questo tipo rimandando al CD per ulteriori altre proposte di lavoro in questa direzione.

Supponendo le colonne a base circolare e lo spazio tra colonna e colonna equiripartito, abbiamo potuto ricostruire la prospettiva a partire da un rettangolo iniziale evidenziato in grigio.

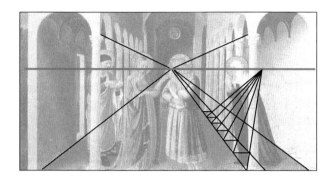

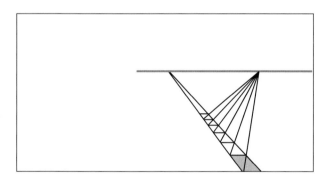

Molte altre applicazioni di questo teorema all'analisi prospettica dei dipinti si trovano tra gli esercizi della **scheda Immagini della geometria proiettiva §3.**

Appendice

La prospettiva nella prospettiva con *Cinderella*

In questa Appendice ci proponiamo di illustrare la procedura che abbiamo
usato per realizzare le animazioni interattive del CD dove una stessa costruzione prospettica è vista, sullo schermo del computer, in prospettiva da vari punti
di vista ottenuti ruotando l'intera scena tridimensionale. La indicazioni che
daremo si riferiscono in particolare al software Cinderella[1], col quale abbiamo
realizzato la maggior parte delle animazioni presenti nel CD, tuttavia qualunque
software di geometria dinamica permette di realizzare la stessa costruzione che
ora descriviamo. Il metodo che ci è parso più opportuno per i nostri scopi e più
facilmente realizzabile col calcolatore è quello proposto da Piero della
Francesca. Per questo le eventuali questioni teoriche che giustificano la nostra
procedura possono ricavarsi da quella parte del testo dove vengono esposte.

• *Linea di terra, orizzonte, punto centrico*
Fissiamo la **linea di terra**: una linea orizzontale che divide lo schermo in due
regioni, una al di sotto dove realizzeremo la pianta della scena e una al di sopra
dove realizzeremo lo scorcio prospettico. Questa linea sarà in tutta la costruzione fissata. Poniamo ora sopra la linea di terra un punto C, il **punto centrico** non
vincolato da alcuna condizione. Potremmo col mouse spostarlo a piacimento in
ogni fase della costruzione. Dal punto centrico tracciamo la parallela alla linea
di terra. Sarà questa la **linea dell'orizzonte**. Spostando il punto centrico si spo-
sterà anche la linea dell'orizzonte mantenendosi parallela alla linea di terra.

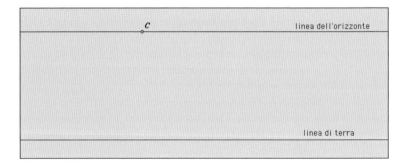

---

[1] Cinderella, Software di Geometria interattiva, Springer-Verlag Italia, Milano 2001. Tradotto
dall'edizione originale inglese "The interactive software Cinderella" by J. Richter-Gebert,
U.H. Kortenkamp © Springer-Verlag Berlin Heidelberg 1999. Per ulteriori informazioni si può
consultare il sito: http://www.compustore.it/cinderella

• *La piattaforma ruotante*
Immaginiamo il piano di terra essere una piattaforma quadrata libera di ruotare attorno al suo centro assieme a tutti gli oggetti che gli si voglia appoggiare sopra. Per poter girare questa figura in modo indipendente da ogni altra operazione disegniamo, prima di disegnare la piattaforma, una circonferenza col centro O (non vincolato) e di raggio fisso (ad esempio 1 centimetro) e su questo segniamo un punto A libero di muoversi sulla circonferenza. La direzione OA potrà essere modificata in ogni momento spostando il punto A. Anche la posizione della circonferenza potrà essere spostata nella posizione ritenuta più opportuna agendo sul punto O. Introduciamo ora il punto P (non vincolato) che rappresenta il centro della piattaforma ruotante.

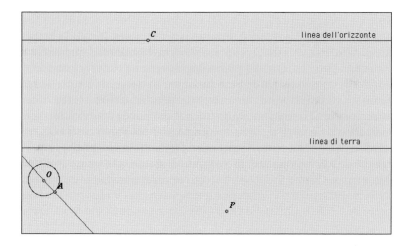

Possiamo ora disegnare la parallela a OA per il punto P e la perpendicolare a questa retta. Queste due rette daranno le direzioni variabili dei lati della piattaforma. Fatto questo possiamo nascondere la retta OA.

• *Le dimensioni della piattaforma ruotante*
Per modificare in modo indipendente le dimensioni della piattaforma introduciamo un segmento orizzontale UV la cui lunghezza corrisponderà a metà diagonale del quadrato. Possiamo fare questo introducendo un punto U libero, tracciando una retta orizzontale per U e su questa scegliendo il punto variabile V. Ripassiamo ora il segmento UV e nascondiamo la retta con cui lo abbiamo costruito. Per fare la piattaforma riportiamo col compasso sulle perpendicolari per P la lunghezza UV e completiamo il disegno tracciando i segmenti che formano i lati del quadrato.

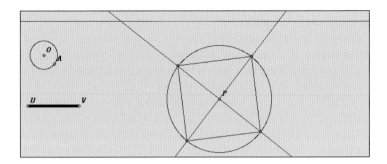

A questo punto possiamo ruotare la piattaforma agendo col mouse sul punto A e ingrandire il quadrato agendo sul punto V.

• *L'immagine prospettica della piattaforma ruotante*
Per avere l'immagine prospettica del quadrato di base dobbiamo fissare la distanza dell'occhio dal quadro. Prendiamo un punto Dis sulla retta dell'orizzonte, la sua distanza da C rappresenterà nella scala del quadro la distanza dell'occhio. Tutte le rette del piano degradato che convergono a Dis corrispondono a rette del piano di base inclinate di 45 gradi e tutte le rette che concorrono in C corrispondono a rette perpendicolari alla linea di terra.
Costruiamo ora l'immagine prospettica P' del punto P: tracciamo la retta PL perpendicolare al piano di terra e congiungiamo L col punto centrico (il punto P' si deve trovare su questa retta). Tracciamo la retta PK inclinata di 45 gradi rispetto alla verticale e congiungiamo K col punto di distanza (il punto P' deve trovarsi anche su questa retta). Troviamo P' come intersezione di queste due rette.

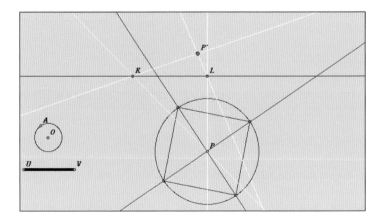

Ora che abbiamo costruito il punto P' possiamo nascondere le rette che ci sono servite per trovarlo. Per costruire le immagini dei quattro vertici del quadrato di base pensiamo quei punti come intersezioni di una diagonale al quadrato e della linea corrispondente perpendicolare alla linea di terra: di queste linee possiamo costruire l'immagine trovando così l'immagine della loro intersezione. La figura seguente mostra come è stata costruita l'immagine di H' di H.

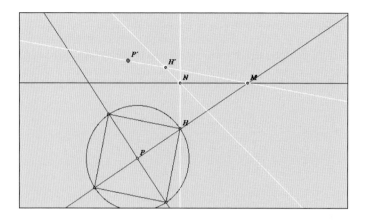

Possiamo procedere nello stesso modo per gli altri tre vertici. Troviamo così l'immagine prospettica della piattaforma ruotante.

• *Operazioni di controllo*
Conviene ora controllare la correttezza della costruzione vedendo gli effetti che si ottengono agendo sul punto A (che ruota la figura), sul punto V che ingrandisce il quadrato e sui punti C e Dis che cambiano la posizione del punto di vista. Possiamo anche nascondere le diagonali del quadrato e la circonferenza che lo circoscrive.

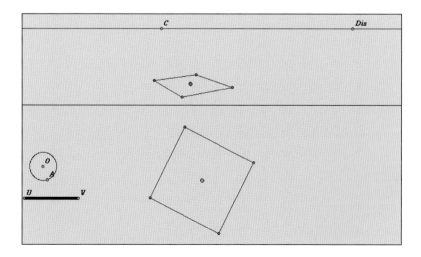

• *Rappresentazione di un palo verticale*

Supponiamo di voler rappresentare un palo verticale posizionato in un dato punto X della piattaforma a scelta dell'utente. Si dovrà fare in modo che ruotando la figura ruoti anche il palo senza cambiare la sua posizione sul quadrato. Per fare questo individuiamo la posizione di X tramite due "coordinate" che siamo liberi di fissare col mouse. Usiamo come riferimento il segmento UV che, come sappiamo, rappresenta mezza diagonale della piattaforma. Costruiamo su UV un quadrato di cui UV sia la diagonale e entro questo introduciamo il punto Z, le cui proiezioni ortogonali saranno riportate col compasso entro la piattaforma ruotante per individuare il punto X. Alla fine della costruzione abbiamo nascosto le rette che sono servite e abbiamo tracciato dei segmenti di riferimento.

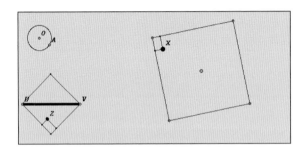

• *L'immagine prospettica della base del palo*

Dobbiamo trasformare il punto X costruendo il suo corrispondente X' sul piano degradato. Usiamo la solita tecnica che si serve del punto di distanza: descriviamo cioè X come intersezione di una retta perpendicolare alla linea di terra e di una retta inclinata di 45 gradi e poi trasformiamo queste rette.

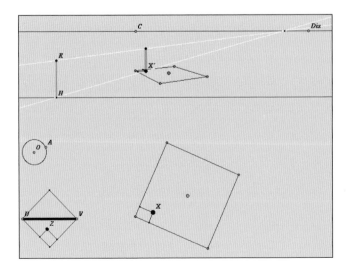

• *L'immagine prospettica dell'altezza del palo*
Supponiamo di voler modificare col mouse l'altezza del palo. Riportiamo sulla
linea di terra un segmento verticale HK il cui estremo K si possa alzare o
abbassare. Sarà questa, nella scala del quadro l'altezza del palo. Riportiamo
infine su X' l'altezza corrispondente secondo le regole sulle alzate che abbiamo
visto nel manuale.

La nostra costruzione è così terminata. Abbiamo rappresentato prospetticamente un punto arbitrario dello spazio definito da tre coordinate, le coordinate (x,y) che fissano la posizione di X sul piano di base e l'altezza z che ne deter-
mina la quota.

Alla fine della costruzione possiamo nascondere quello che non vogliamo far
vedere e abbellire a piacimento il disegno evidenziando le parti che vogliamo
rendere interattive. Ecco il risultato finale

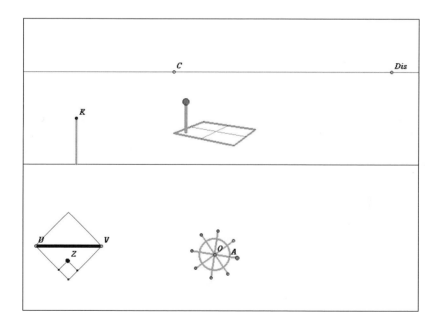

I punti indicati con delle lettere sono i punti "caldi" che possono essere mossi
col mouse per modificare la prospettiva.

Volendo rappresentare prospetticamente una figura più complicata, basterà
decomporla in tanti segmenti e disegnare i loro vertici con la costruzione che
abbiamo indicato.

ISBN 88-470-0208-7
€ 35,95